ヒルは木から落ちてこない。

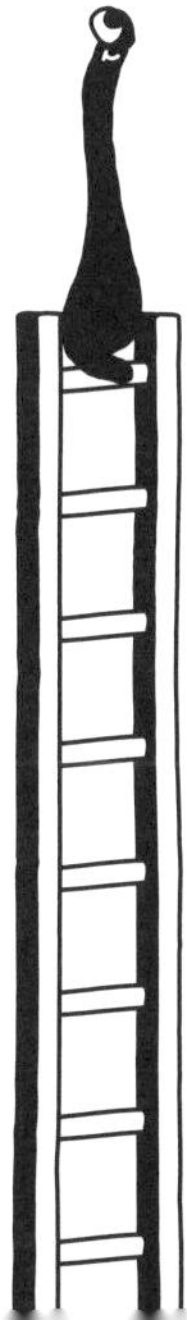

ぼくらのヤマビル研究記

樋口大良 ＋ 子どもヤマビル研究会

山と溪谷社

デザイン＝吉池康二（アトズ）

プロローグ

「あっ、ヒルだ」

わたしはそう言って、くるぶしのあたりからヒルをつまみ出した。時すでに遅し。血がべっとりと出ている。子どもたちが珍しそうに集まってきた。靴の中を点検すると、二匹ほどが、わたしの足の指の間に入り込んでいた。

一九八〇年頃、三重県鈴鹿山脈の入道ヶ岳に登っていたときのことだ。当時、知り合いの小学生を連れてよく鈴鹿の山に登っていた。このときは元気者の小学五年生三人を連れて麓でキャンプをしてからの登山だった。

「みんなも点検しろ。ヒルがついてるかもしれないぞ」と命じた。

「あっ、ジャージが赤くなっている」

クリがヒロのジャージを指さし、叫んだ。ヒロは驚いて、ジャージの裾をまくった。血が流れている。ヒロは、クリのズボンを見ると、「おまえもや」と叫び、子どもたちは大騒ぎになった。

見つかったヒルは数匹だけだったが、出血はかなりのものだ。

「とりあえず、頂上まで行こう。あと一〇分くらいだから」と、みんなを促し、尾根道を歩いた。子どもたちのジャージが、ますます赤く染まってきた。山頂に着いたらすぐ食事にする予定だったが、その前にズボンの中からシャツの中まで隅から隅まで点検し合うように、子どもたちに指示した。

「先生、太ももの裏にヒルがついてる。とって」

「おれ、靴の中に三匹もいた。足の指の間が真っ赤になってる」

「首の後ろに、ついとった」

「シャツの中にもいる」

大騒ぎだ。

「おい、お前のパンツ、真っ赤や」

ジャージを下げたヒロの後ろを見ていたガトが叫んだ。ヒロが体をよじり、恐る恐るパンツの中を覗くと、まだヒルが二匹も食らいついている。

「先生、とって!」

悲痛な叫び声。

「大丈夫、大丈夫。死なないから、大丈夫」と言いながら、わたしはそのヒルをつまみ、ヒロの体から外した。丸々太っている。ティッシュで血をぬぐっていくと、二匹どころではない。五匹くらいにやられている。

「どうしたらいいの」

流れる血を見て、みんな怖気づいている。

「とりあえず、ティッシュを当てていなさい。上から絆創膏で押さえるから」

持っていた絆創膏一巻は、あっという間になくなった。山の上なので、とりあえず止血の応急手当てを済ませ、昼食の時間にした。子どもたちは、みるみる血がにじんでくるティッシュを見ながら、落ち着かない様子。

「先生、血、止まらへん」

「しばらくは仕方ないね。テッシュで押さえておきなさい」

「こんなにたくさん血が出たら、死ぬやん。もう一リットルくらい出たかな」

「そんなに出るわけがない。ほんの少しだよ」

出血多量は死につながるという知識が、みんなの不安を掻き立てているようだった。

昼食後、被害を再チェックした。合計で二〇か所はやられていた。どこでこんなにヒルがついたのか。ヒルがたくさんいるところを通過したのだろうか。まったく心当たりはない。ジメジメしたところを少しは通ったが、ヒルがいたようには思わなかった。帰りは別ルートを予定しているので、なんとか下山できるだろう。とにかく、梅雨から夏の間、この山に登るのはやめよう。


子どもたちは、楽しかったキャンプの様子を家で話したようで、ヒルにやられた話が中心だったのだろう。次の日、その様子を伝えてくれた子がいた。

「おじいちゃんが言ってたけど、入道ヶ岳の頂上にはたくさんのシカが来ていて、糞がたくさん落ちている。ヒルはあの糞の中から湧いてくるんだって」

シカの糞からヒルが湧く？　なんとも不思議な話だ。でも、だとしたら、シカの糞に卵か幼虫がいることになる。ヒルはシカの寄生虫なのだろうか……そんなことを考えたりもした。しかしその後、子どもたちとヤマビルの研究を始めることになるとは、このときはつゆほども思わなかった。

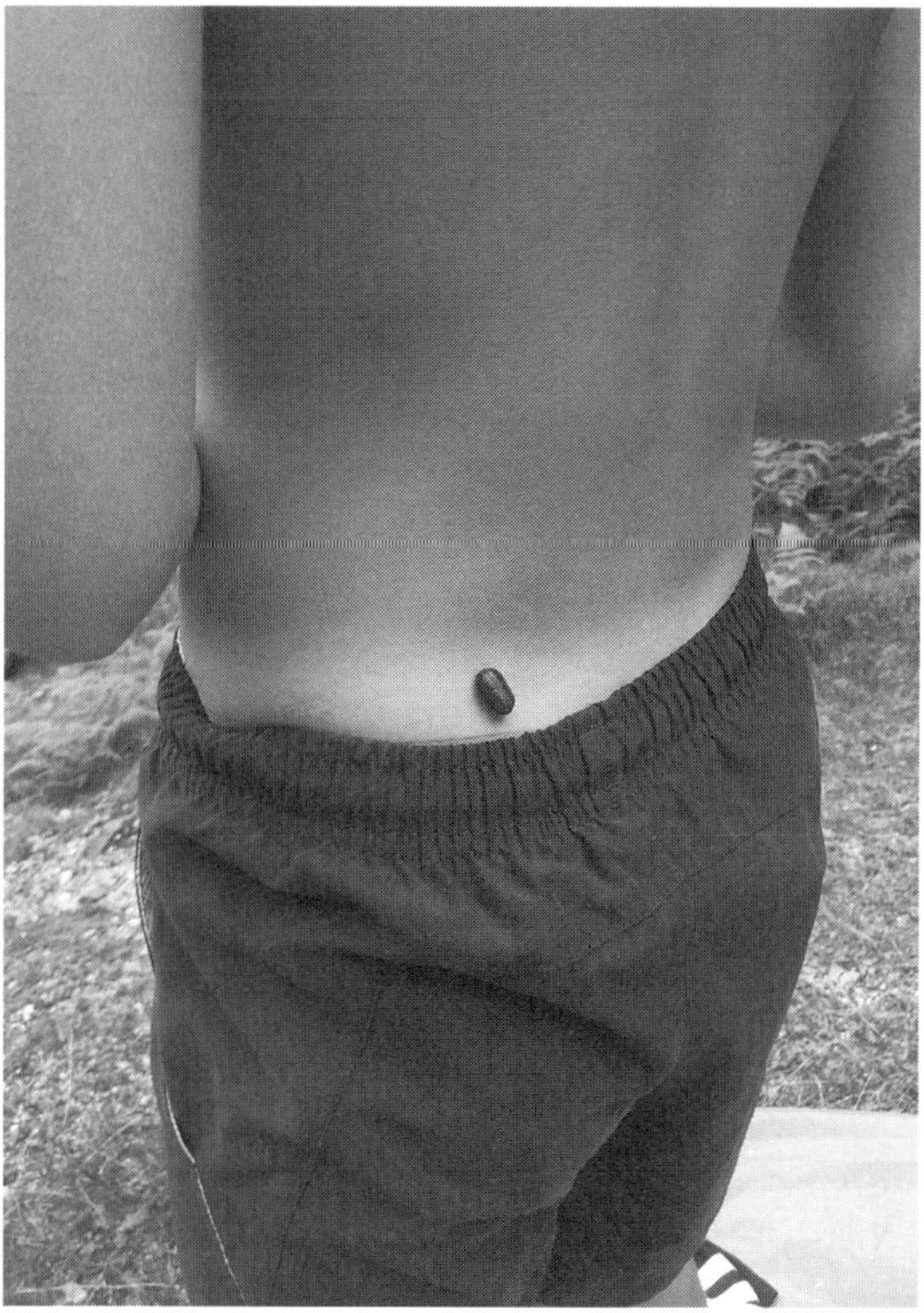

もくじ

子どもヤマビル研究会とは？

二〇一一年四月、三重県四日市市にある四日市市少年自然の家の一角で、一二名の小中学生が集まって、ヤマビルの研究をスタート。諸般の理由で一年で移転を余儀なくされ、二年間休眠状態になる。その後、四日市市内でヤマビル忌避剤を製造販売しているエコ・トレードの西村社長のご厚意で、工場の一角をお借りできることになり、本格的な研究活動を開始した。現在は、エコ・トレードさんの工場移転に伴い、より藤原岳に近いところに移転。ここだとヤマビルも豊富で、研究に弾みがついた。毎年、会員三～六名が、ヤマビルの研究を続けている。

研究会の目的は、以下の通りである。

①子どもたちと身近な自然を観察し、その仕組みを解き明かす中で科学する心を身につけ、将来科学者を志す子を育てる。

②身近にいるヤマビルを使って、科学の手法を会得し、自然の力の偉大さや不思議さを理解し、自然に対する畏敬の念を育む。

コーディネーター＝樋口大良／顧問＝西村隆宏（エコ・トレード）

室内での実験や観察、そのまとめ。

野外でヒルの観察や採集。

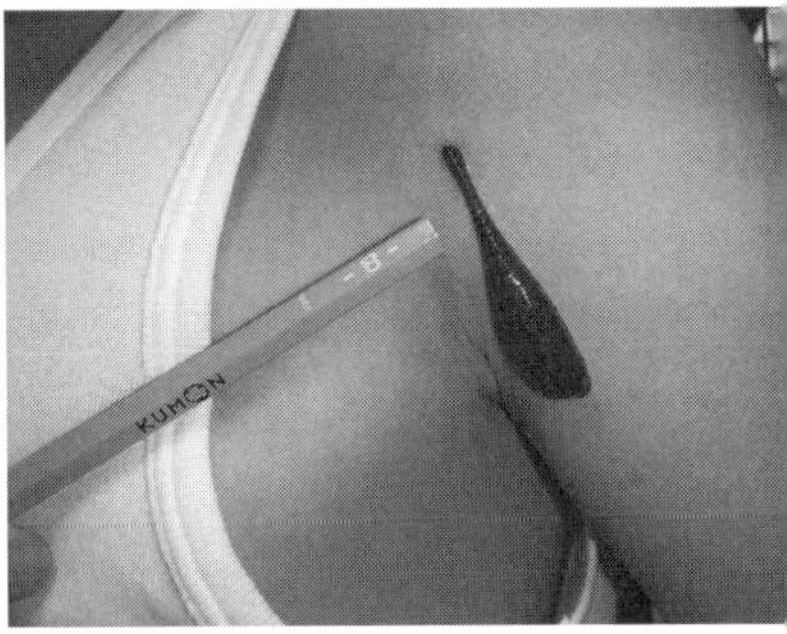

ヒルがこんなところまで上がってきた!

たまには息抜きもね。

第1章　ヒルとの出会い

ヤマビルは、絶好の教材？

わたしは二〇〇〇年頃から、学校が主催する自然体験学習の臨時指導員を頼まれるようになった。小学五年生たちを連れ、一泊二日のプログラムを行うのだ。

その中に、四日市市少年自然の家の敷地内に設定された展望台や地層が見えるスポットなど、自然観察ポイントをめぐるウォークラリーがあった。子どもたちは班ごとに、指示されたポイントで課題を解いて回る。コースは複数あり、それらを組み合わせることで、各班が途中で重なったり、出合わないように工夫されていた。

担任の先生の説明が終わった。二時間半の制限時間内に各ポイントを廻り、課題に正解したり、指定ルート通りに帰ってきた順にポイントが加算される。総合得点で三位までの班には、ご褒美があるという。

出発の合図で一目散に山に飛び込んでいくと思われた子どもたちだが、どうしたことか、一向に動こうとしない。広場に座り込んで、おしゃべりを始める班まである。

「どうしたの、早く行かないと時間がなくなっちゃうよ」と声をかけると、一瞬振り向くものの、行動を起こそうとはしない。再度、行動を促そうとすると……。

「だって、ここはヒルがいるんでしょう。気をつけな、とお母さんが言ってたよ」

「血を吸われるって、いややん」

「痛いやん」

「そんなに言うなら、先生、先に入ってよ」

なんだかんだと理屈をつけて、この活動には参加しないと決めているようだった。

「大丈夫だよ。血を吸われるのも、自然体験だ」

「いやや、血だらけになるのはイヤ」

何度促しても、子どもたちはそう言って、目の前の山に入ろうとしない。担任の先生も予想外の反応に戸惑っている。すると、一人の元気者が、森の入り口に行って戻ってきた。

「先生、ヒルってこれやろ」と、わたしの目の前に差し出した。見ると、三センチ大のヒルだ。

「おい、みんな。○○がヒルを捕まえてきたよ。見においで」と言うと、怖いもの見たさにたくさん集まってきた。

わたしの手のひらの上でシャクトリムシのように動くヒルを見て、子どもたちの反応は二つに分かれた。

「先生、怖くないの。信じられない」

「血を吸われないの?」

「すぐには吸わないね。吸いやすいところを探しているみたいだ」

「ちょっと触ってもいい?」

「いいよ。飛びついたりしないから」

「ぬるっとしてる。気持ちワルう」「ナメクジみたいや」と言いながら、わたしの手のひらの上のヒルにこわごわ指で触っている。大分なれてきたなと思ったので、一つの提案をした。

「提案だけど、ここにフィルムケースがある。ウォークラリーの間にヒルを見つけたら、ここに入れておいで。一匹一ポイントをプレゼントしよう。最大一〇ポイント。どうだい」と言うと、ほとんどのグループは賛成して、次々フィルムケースを取りに来た。渋っていた班もあったが、みんなにつられて山に入っていった。担任の先生と顔を見合わせてほっとしたのも束の間、一〇分も経たないうちに「捕った、捕った」と大喜びで戻ってくるではないか。

「これで一〇点や」

広場から山に踏み込んだ瞬間からヒルを次々見つけたようだ。子どもたちのほうが上手《うわて》だった。コースを一周しても一〇ポイントにしかならない。それなら、山の中には入らず、入り口でヒルを一〇匹捕まえて、あとは安全なこの広場で遊んでいるのが得策というわけである。ウォークラリーなんて、どうでもいいのだ。

やられた。担任の先生と顔を見合わせて、苦笑いした。まあ、いいか……。

その後、ほとんどの班が一〇ポイントを稼いで戻ってきた。入り口から一〇メートルも行かずに、一〇匹×一二班＝約一二〇匹を捕まえたことになる。

帰ってきた子どもたちには、「足をチェックしなさい。靴の中や靴下の中、ズボンの中もよく調べて。ヒルにやられてないかな」と、声掛けをした。子どもたちは、恐る恐る靴の中や衣服の中を覗き込み、被害に遭っていないことを確認すると、安堵の表情を浮かべていた。

驚いたのは、ヒルを捕まえたときの様子を、目を輝かし、身振り手振りを交えて教えてくれたことだ。ヒルの話題でこんなにも盛り上がるとは。

目的を達成した子どもたちは（本来のウォークラリーの課題は何一つ終えていない）、広場で鬼ごっこを始めた。中にはまだヒルが気になっている子がいて、「ヒルを出してもいい？」と、フィルムケースを持ってきた。担任の先生はいい顔をしなかったが、わたしが許可したので仕方なく認めた。

フィルムケースの中から大きめのヒルを取り出す。「これに塩をかけると溶けていく、とお母さんが言っていた」と一人が言うので、塩をもらっておいでと、事務室に取りに行かせた。

アジシオをもらってくると、さっそく地面に置いたヒルに振りかける。ヒルは悶え苦しみ、みるみるうちに黄色くなって溶け始めた。

「溶ける、溶ける」

「ああー、殺した」

「残酷」

口々に言いながら、じっと観察している。実に主体的なかかわりである。

数匹犠牲にしたかと思うと、子どもたちは次に別の遊びを始めた。逃げるヒルを追いかけ、足で踏みつぶすのである。ヒルは簡単にはつぶれない。どんなに強く踏みつぶしても、つぶれないどころが、すく起きあがり、逃げていく。足で、ぐりぐりとコンクリートの地面に踏みつけている子もいた。

「先生、こいつしつこいなあ」

「めっちゃ強い。簡単に切れへんで」

そう言いながら、こぶし大の石を拾ってきてたたいている。それでも簡単にはつぶれず、切れないのに驚いていた。根気よくたたいて、やっと一匹やっつけた。「これ、すごく強い」と感心した様子。

こうして、二つ目のフィルムケースに入れたヒルも犠牲にすることに。今度は水を入れてみようと、水道水をケースに注ぐ。すると、ヒルが一斉に逃げ出してきて、大騒ぎになった。

「こら、何してんのや。こんなところでヒルを放すやつがおるか。全部捕って始末しろ」と、自然の家のスタッフが怒鳴っている。

数人が何とかしようと必死になったが、水に濡れたヒルはツルツルが増して、なかなか捕まらない。

「先生、どうしよう」

担任の先生は、「いやいや、わたしは知らない」と逃げるばかり。わたしは「自分たちで責任も持とうよ。やっちゃったんだから」と、取り合わなかった。目の端に、先程の塩を持って飛んでいく救援隊の姿が見えた。全部回収したかはわからないが、一応できたという報告は入った。

それにしても、目先を少し変えてやるだけで、子どもたちがこんなにもヒルと遊べるとは。ヒルへの考えがみるみる変わっていくし、誰一人としてヒルを恐れていない。むしろ積極的にかかわりを持っている。

この様子を見ていたわたしは、ヤマビルを教材として活用できないものかと考え始めていた。なにしろ嫌われ者のヒルのことだ。無料でいくらでも手に入るし、捕れば捕るほど、喜ばれるのだ。絶滅すると叱られることもなかろう。こんなすばらしい素材は、なかなか見つからない。

そう考えたわたしは、密かに策を練り始めた。

子どもヤマビル研究会のはじまり

子どもヤマビル研究会、通称ヒル研の第一期が始まったのは、二〇一一年四月。その後、二〇一五年に第二期が再開するまで活動が中断していたが、開講当初に参加していた子の中には、高校生や大学生になった今も、ボランティア研究員としてかかわっている者もいる。小中学生を対象とした自然学習会として、毎月一、二回、週末に一泊二日の合宿形式で行っている。

ヒル研の開講にあたり、わたしは参加者を集めるため、「ヤマビルを研究しませんか」と書いたチラシを近隣の小学校で配布してもらった。そのチラシに惹かれて応募してきた総大は、そんなボランティア研究員の一人だ。当時小学四年生。ヤンチャ坊主の彼は、ヒル嫌いの大人たちの脅しにもめげず、止められれば止められるほど闘志を燃やすタイプのようだった。怖いもの見たさだったのかもしれない。親たちも、きっと途中でギブアップするだろうと参加を許したに違いない。

ヒル研の第一期の初日、会場の自然の家に集まったのは、小学四年生から中学一年生までの一二人。全員が男の子だ。各自が申込書に記入した参加の動機を、係の人が読み上げる。ほとんどの子が「おもしろそうだから」と書いていた。ヒルを見たことがある子は半分以下だった。

将来は学者と思うような子もいたが、どちらかと言えば、総大のように、蛇を見つけたら棒をもって追いかけるタイプの子が多い印象だ。のちに判明したのだが、実際には親に勧められたり、半ば強制的に送り込まれた子もいたらしい。そういえば、遠巻きにみんなの様子を見ている子がいた。きっといやいや来ていたのだろう。親たち自身、ヒルが好きというわけではなかったはずだ。触ることさえいやなヒルがテーマの研究会に、よく我が子を入れたものだ。

開講式は型どおり、自然の家の所長さんのあいさつで始まった。

所長さんは、「この研究会は、次にあいさつされるポッサム先生という元小学校の先生が考案された、世にも珍しい会です。こんなにたくさんの子が集まって来てくれて大変うれしいです。今から一年間、この自然の家を基地にして、大いに研究してください。そして、自然の中で体験するすばらしさを実感してほしいです」と、子どもたちを歓迎した。

続いて、わたしが登壇する。

「はじめまして。ポッサム先生と呼んでください。日本でヤマビルを研究している人は誰もいません。大学の先生も、いろいろ探しましたが、見つけられませんでした」

ヒル研に参加する子どもたちは、日本で唯一のヤマビル研究者になるとも言えるのだ。

「わたしは、ヒルのことをよく知っている先生ではありません。ですから、募集案内に『この会には指導者はいません』と書きました。わたしも、みんなと同じ研究者です。知らないことがいっぱいあるので、それを調べていくことに、とてもワクワクしています」

そう言いながら、わたしはみんなの顔をぐるりと見まわした。

「全員が研究者なのですが、研究の進み具合を調整していく役がないと、まとまりません。わたしは、その役も兼ねようと思います。その役をコーディネーターと呼びます。みんなの興味関心を確認しながら、研究計画や予定を立てていきます。皆さん一人ひとりが研究者ですから、待っていても何も始まりません。自分でいろいろ試しながら発見していってください。そして、その記録を細かく取っていきましょう。あとでまとめるとき必要です。研究で一番大事なことは、観察です。とにかくよく見て、事実をつかみましょう。空想や想像でものを言うのはダメです。これだけは、毎回口を酸っぱくして言います」

元教師の性で、話がどうも堅くなってしまった気もしたが、まあ、しかたがない。

続いて、自然の家のスタッフ、ジンクンがヤマビルの話をしてくれた。自然の家における子どもヤマビル研究会の担当者だ。

彼は、自然の家にやってくるさまざまな団体に施設の使い方や山に入るときの注意点を説明してきた人なので、ヒルについてもとても詳しい。背が高くてかっこいいジンクンは、子どもたちとも話が合うようで、すぐに友達のように仲良くなった。ジンクンが「ヒルを見たことある子、手を上げて」と言うと、パラパラと五人が手を上げた。

「どこで見たの」

「自然教室に来たとき、やられた」

「友達が自然教室でやられたのを見た」

「血がドバッと出て、気持悪かった」

「ええっ、キショ」

子どもたちが口々に答えるのを静かに聞いていたジンクンは、「そうなんです、この自然の家にはヒルがいます。別に飼っているわけではありません。昔から、このあたりには沢山ヒルが棲んでいます」と、自然の家の敷地内でヒル被害が出やすいところを、地図で示した。

「連休の頃から、被害が出始めます。夏は相当たくさんの被害者が出ます。気温が下がり、秋になると、もういなくなります。今日はこのあとヒルを捕りに行こうと思いますが、まだちょっと寒いので、いないかもしれません」

「えーっ。捕れないの」

「そうだね。今日は、春真っ盛りで桜の花が咲いている。暖かいと言っても寒いのです。次回の研究日には、ヒルに会えるように日にちを決めます」

ジンクンは続けて、こう聞いた。

「さて、ヒルは人の血を吸います。みんなは、血を吸う生き物で他にどんなものを知っていますか」

「蚊」

「アブ」

「ノミ」

「そうですね。一番身近な、蚊と比べてみましょう。蚊は、針を刺してわたしたちから血を吸います。でも、ヒルは違います。皮膚に傷を付けて、にじみ出てくる血を吸うのです。そのとき、にじみ出た血が固まらないようにヒルジンという物質を出します」

「ヒルジン。はっはっは」

「ヒルだから、ヒルジン」

「ちゃうよ。ジンクンがヒルにやられるから、ヒルジンだ」

ヒルジンという初めて聞く言葉の響きに盛り上がる子どもたちにも、ジンクンは冷静に説明する。

「いえいえ、これは冗談ではなく、本当の名前なんです。蚊は、脳炎のウイルスや、マラリヤの菌を運んできたりします。でも、ヒルはそのような菌を運びません。針を刺したりしないので、蚊のようなことはありません。たくさん血が出てびっくりしますが、切り傷と同じで、血が出るだけです。かまれたら、ポイゾンリムーバーというこのポンプでヒルジンを吸い出し、消毒をして、救急絆創膏で押さえておけば大丈夫です」

「かまれても痛くないのですか」

「痛くありません、というより吸血されているときには、まったく気がつきません。ほとんどの場合、血を吸い切ったヒルが皮膚から落ちたあと、血が出てきて初めて気づくのです」

写真を見せながら、ジンクンは説明を続けた。子どもたちにとっては、知らない話ばかり。みんな身を乗り出すようにして、聞いている。形はわかったけれど、一体どれくらいの大きさなのか、どんなふうにどのくらいのスピードで動くのか。飛びかかってはこないのか。聞けば聞くほど謎は膨らむ。

「先生、早く実物が見たい」

「はい、その前にもう一つ大事な話があります」

みんなが、まだかという顔をした。

「ヒルは下から上がってくるだけかと思いきや、実は首筋や背中をやられる人もいます。これはどう考えても上から落ちてきたとしか思えません。ですから、山に行くときは、帽子をかぶって首筋にはタオルを巻いて、重装備をしないと、ヒル被害をシャットアウトすることはできません。昔から、ヒルは木の上から落ちてくると言われています。ヒル捕りに行くときには気をつけましょう」

「えーっ。下も上も見ないといけないの」

「大変や。上からポタポタ落ちてくるの」

「そうなんです。木の下を人や動物が通ると、体温に反応して落ちてきます」

子どもたちの目が真剣になってきた。

「普段は、木の上に棲んでいるの」

「はい。木の上で待ち構えています」

「そうしたら、ヒルを探すとき、上を見てたらいいの」

「それほどたくさんいないので、なかなか見つからないかもしれませんよ」

「でも、やられるのでしょう。こわあ」

今にしてみれば悪い冗談話だが、当時はこういう説がまことしやかに語られていたのだ。

開講式が終わると、休憩時間だ。今の話に相当インパクトがあったと見え、トイレに行く道すがらも、みんな森の中を歩くときのシミュレーションをしている。上を見たり下を見たりと、柔軟体操のように体をくねらせている。

子どもたちは別々の学校から集まってきたので、今日が初対面である。でも、約一時間、ヒルに接する心構えを聞く中で、みんなの気持ちはヒルという共通の関心事に集中していき、お互いに仲間意識が芽生えてきたようだ。自分の通う学校について紹介し合っている。彼らはこれから、この得体の知れない生き物と格闘しながら、研究していく仲間なのだ。

仲間意識を高めていたのは、保護者も同様だった。総大のお母さんが、総大に手招きしている。総大が駆け寄るとお母さんは、「怖くないか。お前なんか血を見たら気絶するぞ」と、息子を脅かしている。

「するわけないじゃん」と、威勢よく答える総大。すると隣のおばさんが、「あんた、血怖くないの。おばさんはだめ。血見たらギャーってなるな」と、さらに煽る。

「僕は、しょっちゅう見てるもん。怪我ばっかりしているし」

「まあ、頑張って」

再開の合図のあと、みんなが着席したところで訊ねてみた。

「ジンクンの話を聞いて、これは大変なところに来てしまった。もう、いやだと思う子は手を挙げて」

「……………」

みんな突然そんなことを聞かれても、といったけげんな顔で、周りを見回している。気が合った者同士、頷いたり目配せしたりしている。

「今なら辞めてもいいんだよ。遠慮しなくていい。いやいや一年付き合うのは大変だから、訊ねています。大丈夫ですか」

「おもしろそうやん」

そう口火を切ったのは、ハッちゃんだったと思う。みんなほっとして和んだ表情を見せた。総大も、「早く、ヒルを見たい」と叫んでいる。その言葉を聞いて安心したわたしは、話を続けた。

「次は、専門家からのお話です。わたしたちの住む四日市でヤマビル忌避剤を開発・製造している方がいることを知りました。今日来てもらったのは、その会社の社長さん、ジョニーさんです」

ジョニーさんはとても話が上手で、みんなをグイグイ惹きつけていく。

「わたしの名前は、西村ジョニーです。『ヒル下がりのジョニー』というヒル避けの薬をつくっています」

「はあっ、ジョニーやて」

「そんな名前、どっかで聞いたことあるなあ」

「わたしのヒルとの出会いは、小岐須渓谷に渓流釣りに行ったときのことでした。河原にたくさんのヒルがいて、足に上ってきて血を吸われました。おちおち魚なんか釣っていられないような状況でした。わたしもたくさんやられました。石の間からにょきにょき首をあげていました。こんな気持ち悪いものは、何とかしないといけない。釣り人のために一肌脱ごうと、わたしはヤマビル忌避剤の開発に着手しました」と、ジョニーさんは開発の動機を一気に話してくれた。

「皆さんは、こんな気持ち悪い生き物を観察して研究しようという、不思議な子たちなんですね。どんな子の集まりなんですか、ここは」

みんなあっけにとられて、口をポカーンと開けている。一瞬沈黙のあと、またもやハッちゃんが「普通の子です」と、とぼけた調子で言ったので、大爆笑になった。

ジョニーさんはさらに問いかける。

「どんな研究をするのですか。わたしは、ヒルは嫌いですから、絶滅させたい。だけれど、生き物の命を簡単に奪うのは、ちょっとひっかかるところがあるのです。昨年、名古屋で生物多様性条約締約国会議と言う会議が開かれました。ポッサム先生もボランティアで協力されたそうです。どんな生き物でもそれぞれつながり合って生きている、その考え方を世界中に広めましょう。そして、世界の自然環境を守りましょう、という国際会議でした。わたしも少し勉強しました。ヒルを殺す目的のスプレーはすでにあります。しかし、生き物を簡単に殺す薬は、人間にとってもよくない成分が含まれているそうなんです」

子どもたちは真剣に耳を傾けている。

「だから、わたしはヒルをやっつける薬ではなく、ヒルが近づいてこない薬を開発することにしました。ヒルさえ近づいてこなければ、やられる心配はないのですから……」

　ああなるほど、という顔の子どもたち。

「わたしは、近づいてくるヒルにスプレーするのではなく、クツやズボンに振りかけておけば、足に上がってこないような製品を作りたかったのです。そうすれば、ヒル被害は防止できます。どうですか。すごいでしょう」

　みんな、こっくり頷いていた。

「そんなことを考えながら、大嫌いなヒルを週一回捕りに行くようになりました。この近くにもよく来ました。三〇匹くらい捕って会社に持って帰り、色々な成分を確かめて、ヒルが嫌いな臭い成分を見つけました。この成分をかけると、ヒルはおもしろいほど逃げていきます。でも、死にません」

　子どもたちは、もう完全にジョニーさんに釘づけだ。

「だから、これは自然に優しい商品ということになります。安全なんです」

　本当に効くのか試してみたいという表情の子どもたちを横目で見ながら、ジョニーさんはしめしめとばかり、商品開発のビデオを流し始めた。

　画面にまず現れたのは、ヒル捕りをするジョニーさんの姿だ。長ぐつを履いて、長さ五〇センチほどの棒を持ち、地面をたたいている。すると、ヒルが落ち葉の間から出てきた。ジョニーさんはそれをピンセットでつまんで瓶に入れる。画面が切り替わると、ジョニーさんは白い画用紙の上にヒルを放して、ヒルの鼻先二〇センチほどのところに忌避剤を振りかけた。すると、さっとヒルは進行方向を変えて逃げていく。確かに効いている。子どもたちから拍手が上がった。

「わたしは、このような研究をしてきました。みなさんは、どんな研究をするのですか」

当てられたら困ると思ったのか、数人が急いで下を向いた。ヒルの実物さえ見たことのない子が多いのだから、当たり前だろう。

「わたしは、この開発にあたって、ヒルに詳しい人を探しました。大学にも聞きに行きましたが、なかなか見つかりませんでした。ようやく、東京大学の山中征夫先生がヒルの研究をしておられると聞き、飛んでいっていろいろ教えてもらって帰りました。ヒルをやる人はみんな仲間だ、と言われたのが心に残っています。そういう意味で、皆さんは、わたしも含めて仲間です。ヤマビルは、とても不思議な生き物です。大型動物の血しか吸いません。シカがヒルの生息地を拡げていることがわかっています。今、神奈川県ではヒルが増え、家の中まで入って来ると困っているようです。登山者も、ヒル被害に困っています。このあたりもヒルが増えていて、シカも増えています」

「家の中まで来るの」

「夜寝てると、血だらけにならへんの」

「うわあっ、それは困る」

「そうです。そんなヒルを何とかしてください」

そういってジョニーさんは、みんなの顔を見回した。

「ヒルは血を吸うとメスになります。そして、オスと出会って交尾して卵を産みます。卵はこれです」と、ビンに入った卵塊を取り出した。真珠のように美しく光っている。お母さんたちも興奮気味に、子どもたちを押しのけるように、近寄ってきた。

「この卵は、ヒル研究の日本の第一人者である山中先生からもらったものですが、わたしは、この卵がどのようにしてヒルから出てくるのか、産卵シーンを見たいのです。動画に撮れれば、世界初となります。世界のBBCでもまだ撮影に成功していません。世界一になるのです。頑張りましょう」

子どもたちの盛り上がりはすごいものがあった。「世界一」に反応したのか、自分たちが最初の撮影者になれるかもしれないことに反応したのか、とにかく頑張って研究しようというモチベーションが高まっているようだった。

各自が熱心にノートをとっていた。いかにも科学に強そうなショウタのノートには、こう記されていた。

第1回ヒル研　2011年4月17日（日）

ヒルは、夏によく出る。特に梅雨のとき。

ヒルは木の上から、ヒトや動物めがけて落ちてくる。
血を吸うときヒルジンを出して、血が固まらないようにする。
血を吸うとメスになり卵を産む。
卵を産む写真を撮ったら、世界一
オレが撮ったら、世界一。ヤッター

By Shota

ジョニーさんの話が終わると、興奮冷めやらぬ子どもたちは、野外に出てヒルを探し始めた。みんな、今日は特に準備もしていないので、普段学校に行くような服や靴で山の中に入ることになった。半ズボンの子もいれば、ジャージの子もいる。

心配したのは親のほうで、ヒルにやられないかとか、ケガしないかと聞いてくる。しかし、子どもたちは、なんのその。なんとか自分が一番にヒルを見つけてやろうと意気込んでいた。

ジンクンが、ヒル被害が多い場所に案内する。みんな足元を食い入るように見て探す。上から落ちてくるかもしれないことは、すっかり忘れているようだ。

「どんなところにいるの」

「枯れた落ち葉の下なんかにいるよ。葉の下から、にゅうっと出てくるよ」

ジンクンは、新しい落ち葉を足で蹴散らし、「このあたりは、適度に湿っていて、いそうな感じはするが、結構寒いので出てこないなあ」と、つぶやいた。

「おらへんやん」

「もっと他ないの」

探しても見つからないので、子どもたちのテンションが下がってきた。

場所をイノシシのヌタ場に変えることにした。ここはヌタ場というだけあって、滑り落ちると危険なすり鉢状になっている。滑るから気をつけるようにと注意を促す。しばらく探していたら、これじゃないか、と手でつまんで持ってきた子がいた。ジンクンが確認しに行った。

「うーん。残念。これはヒルではない。何かの幼虫だ。ヒルは、頭が細くてお尻が太くなっている」

ここも、しばらく探したが見つからないので、再び場所を変えることになった。

飯盒炊さんをするとき小学生がよく被害に遭う炊事場に行ってみる。ここは、少し陽が当たっていて、暖かい。と言っても、同じ山の中。そんなに気温が高いわけではない。真剣に探す子もいたが、多くは雑談しながらそのあたりをうろうろ探しているだけだ。

一〇分後、部屋に戻ろうと合図したときのことである。

「お前の足に何かついてる」

「ヒルちゃうか」

「ジンクン、ショウキがヒルにやられてる」

みんなが、集まってきた。ジンクンがそれを見て、「ああ、ヒルだ」と言った。

長さが三センチほど、もうそこそこ太くなっているヒルが、ショウキの足についていた。被害者第一号は、中学一年生のおとなしそうなショウキであった。

「そのままにして、部屋まで行こう。写真に撮って、自然に落ちるまでおいておこう」

ジンクンの提案に、ショウキはしぶしぶ同意した。子どもたちは青ざめたショウキを励ましながら、ぞろぞろとあとをついていく。ヒルはすでに結構血を吸っているので、ショウキが歩くたびにプルンプルンと揺れて、落ちそうになる。みんな「もう落ちる」だの「血が流れてきた」だの、ワーワー言っている。

部屋に入ると、ジンクンが記録用に写真を撮った。ショウキはすっかりみんなの注目の的になり、英雄のように質問に答えていた。

「痛くない？」

「かゆいの？」

「何か感じるの？」と、みんなはのぞき込んでは尋ねている。

そんな子どもたちの様子を見たわたしは、「今日のノートを書こう。感想も含めてたくさん書こう」と促した。静かに書き始めたとき、自分の足を見ていたハッちゃんが、「先生、僕の靴下赤い。血がついている」と言った。

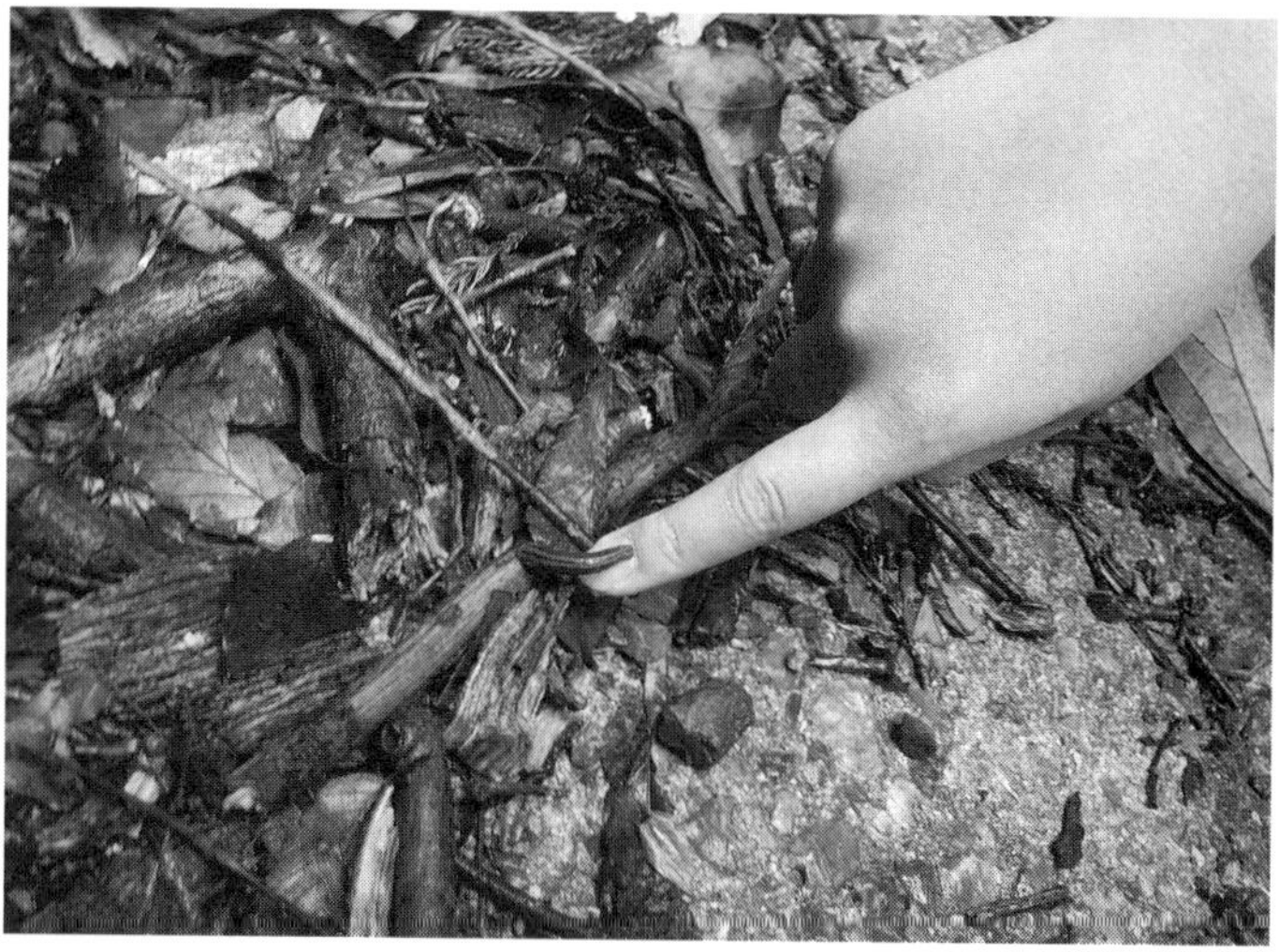

指に乗ってくるヒル。いつもこの方法でヒルを捕る研究員が多い。

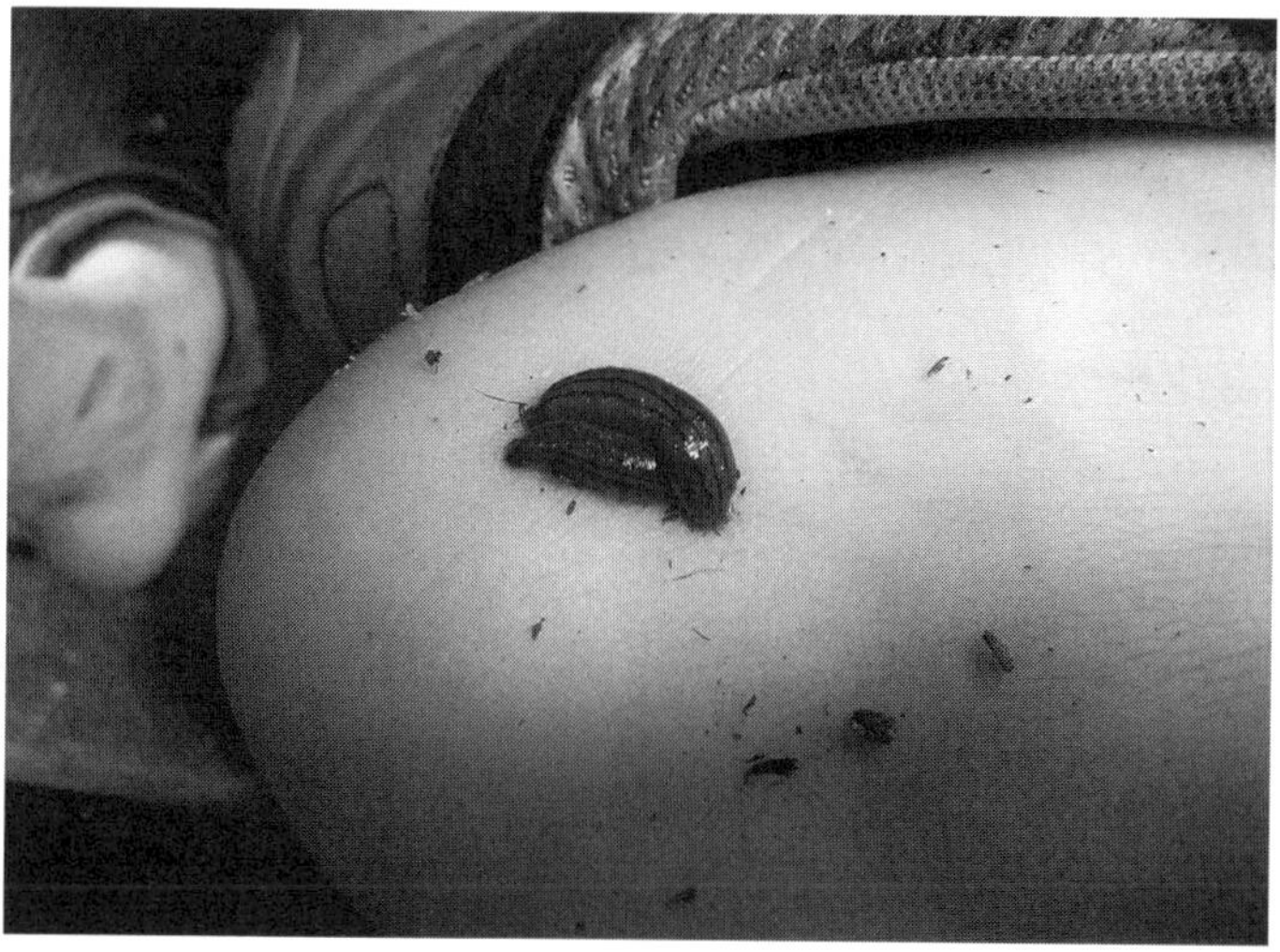

知らない間に吸血されてました。

すぐハイソックスを下げてみた。出血している。ヒルにやられていたのだ。靴下を脱がせて調べてみたが、どうも食い逃げされたようだった。ジンクンは、玄関へハッちゃんの靴の中を確かめに行ってくれた。

「残念。食い逃げやったなあ」

「くそったれ。どろぼう。血を返せ」

ハッちゃんは、怒っていた。「みんなも足をよく見てごらん。大丈夫かな」とジンクンの注意が入った。

本日の被害者は、二名であった。

ショウキが、「もう、ヒルとってもいい？」と言った。

正直みんな、ショウキの足にヒルがついていることを忘れていた。ヒルに気づいてからすでに一時間半近くが経っている。ヒルは、まるまる太り、今にも落ちそうだった。写真を撮っている間に、ポロリと落ちた。大豆のように膨れていた。瓶に入れて観察を続けることになった。ショウキは、ジンクンに手当をしてもらう。ジンクンが、そのヒルを飼育してくることになった。

今日、子どもたちはヒルの話をたくさん聞いて、それぞれメモをした。当時、世の中では、ヒルの常識だと思われていたことばかりだ。これから、子ども研究員がこの一つひとつを調べて、多くは俗説であり真実ではないことを発見していく。どんなドラマが待っているのか、わたしも楽しみだ。

ここらで休憩して、ヤマビルとはどんな生き物かを、研究員の悠太くんに語ってもらおう。

ヒルヤスミ

僕のヤマビル解説——悠太

ヤマビルは、とてもかわいい生き物です。ヒョコヒョコ歩く姿がたまらなくかわいくて、僕は大好きです。ペットのようです。自分の部屋でヒルを飼育しています。

ヤマビルは日本の陸に棲む吸血動物の一つですが、田んぼ、沼など水の中にいるチスイビルの親せきです。難しく言うと、環形動物で、顎ヒル目、ヒルド科という分類になるそうです。簡単に言うと、ミミズの仲間です。

吸血昆虫の蚊やダニと違って、ウイルスや病原菌を運んで広めることはまずないそうです。理由は、蚊やダニが針を刺して血を吸うのに対して、ヒルの場合は皮膚に傷をつけて染み出してくる血を吸うからです。

ヒルは頭とお尻に吸盤を持っていて、それらを交互に使い、シャクトリムシのように移動します。スピードは結構速いです。みなさん、見てみたいと思いませんか。フッと息をかけると、必死になって息をかけた方向に向かってきます。その姿は本当にかわいいです。

ヒルの頭（前）は、細いほうです。太いほうのお尻には大きな吸盤があります。頭の先は象の鼻の穴のようになっていて、そこが口です。Y字形のあごについた口で動物の体に強力に吸いつき、傷をつけます。吸いついたところから滲み出てくる血を吸います。血が固まらないようにヒルジンという物質を出しながら、二時間くらい吸血します。

体がぷっくり膨らむほど吸ったら、自然と皮膚から落ちていきます。ヒルジンには軽い麻酔作用があると も言われていて、吸われていても、まず気がつきません。ただ、ヒルジンのせいで、ヒルが離れたあとも出血は止まりません。できるだけきれいな流水でヒルジンを流し、そのあと圧迫止血をしましょう。血が止まるまで、結構長い時間がかかります。翌日から吸われたところがかゆくなるので、かゆみ止めの軟膏を塗っておくと楽です。

ヤマビルは、北海道を除いて全国にいます。特に有名なのが、神奈川県の丹沢です。僕たちの住んでいる三重県にも、たくさんいます。

ヒルはまだまだわからないことばかりの生き物です。気温が高く乾燥している真夏や寒い冬の間、どこに隠れているのか。食べ物は、動物の血だけなのか。どのようにして動物を見つけるのか。シカがヒルを拡げていると言われているが、本当にそうなのか……わからないことがいっぱいあります。ヒルの研究は、これからです、わからないことや間違って伝えられていることが、次々解明されていくでしょう。

これで、僕のヤマビル解説を終わります。ご清聴ありがとうございました。

ヒルとご対面

次の研究日は、それから一か月後。初夏の兆しが漂う、暖かい日だった。

子どもたちが大きな声であいさつしながら、予定時刻より早く集まってきた。みんなすっかり友達になっている。研究会が始まると、みんなの目の輝きが前回より増しているのに気がつく。最初にジンクンから、この前吸血されたヒルのその後の話を聞く。

「この瓶に落ち葉と土を詰め、そこに入れて飼っていました。ときどきスプレーで水を吹きかけ、乾燥しないようにしました」と言いながら、ジンクンがヒルの入った小さな瓶を掲げた。

「生きている、生きている」

子どもたちは順に瓶を手に取り、ヒルとの再会を喜んでいる。血液の提供者の名前をとって、「シヨウキビル」と呼ぶことになったようだ。

「卵産むかな」

「どうだろう。でもオスがいないとだめだろう」

「血を吸ってないのを入れたらいいやん」

「今日捕ってきたらいいやん」

明日にでも卵が生まれるかのような口ぶりだ。

「今日は、昨日の雨で空気が湿っているし、気温も一八度くらいなので、きっとたくさんヒルが見つかると思う。昨夜はこの建物の周りに、シカが数頭遊びに来ていたよ」

ジンクンにそう言われると、みんなのモチベーションは最高潮に。何はともあれ、ヒルを捕まえてこないことには実験は始まらないのだ。各自、捕獲したヒルを入れるフィルムケースを受け取り、勇ましく出かけた。

二回目の今回からは、保護者は送迎のみで、付き添いはしない。子どもたちは「親がいないほうが、研究がはかどる」と言わんばかりにリラックスした様子だ。気がつけばみんなタメ口で、自己紹介のとき披露したニックネームでお互いを呼び合っている。

まずはジンクンの案内で、前回と同じ場所に探しにいく。森の中の湿ったところを探すのだが、今日もなかなか見つからない。温度計で気温を測ると一四度。

「これじゃだめだ。寒すぎる」と、ジンクン。

「何度くらいならいいの」

「まあ、二〇度くらいいかな。そのことも実験してみるといいね」

イノシシのヌタ場に移動した。今日はだいぶ湿っていて、ヒルがいてもおかしくない状態だ。

「ジンクン、ヌタ場ってなに?」

「皮膚にダニなどがついたイノシシが、それを落とすために来て、ドロ浴びをする泥沼のこと」

「この中に入るの?」

「そう、この中で転げまわっているんだよ」

「へぇー。そうしたら、ヒルもいるの」

「イノシシにもヒルはついているので、落ちているかもしれないね」

「よし、探すぞ」

とはいえ気温は、一四度だ。無理なのではないかと見ていると、ヌタ場から少し離れたところを探していたまっちゃんが、「おったぞ」と、一匹見つけたようだ。それを見たみんなは、まっちゃんの周辺に場所を変え、我こそはと二番目を競って探し始めた。

でも、どんなに探しても、まったく見つからない。子どもたちの集中力が落ちてきたので、炊事場の裏に行くことにした。ここは前回も足に上がってきた場所なので、期待できる。太陽の光が当たっていて、気温も一八度くらいある。

早速、シュンが見つけた。ちょっと大物だ。それに続いて、みんなも一、二匹ずつ捕れたようだった。わたしのところにも次々と、「こんなの捕った」と、うれしそうに見せにくる。

「あっ、先生の首についてる」発見したのは、やんちゃ坊主の総大だった。

「先生の首に、ヒルが落ちてきた。ジンクーン」

総大が叫ぶと、ジンクンが駆けてきて、チェックする。「かなり血を吸っているので、もう外しましょう」と、瓶の中に入れた。次は傷口の手当てだ。ポイゾンリムーバーで、わたしの首の傷口から何度も血を吸い出すジンクン。総大が「僕にもやらせて」と数回操作した。それが終わるとバンドエイドを貼り、部屋に戻った。

玄関で全員がヒルチェックをした。いるいる。ズボンの中ほどまで上ってきていたヒルもいる。子どもたちのズボンの中からは、五匹も見つかった。吸血されている子もいた。被害者は三名。それぞれ、ポイゾンリムーバーで互いに血を吸い出して、応急手当をした。

「全然気づかなかった」

「どこで上がったんや」

「ほんまに、痛くもかゆくもないね」

頑張ったので、おなかがすいてきた。お弁当の時間だ。「好きなところで食べていい」と許可すると、子どもたちは数人ずつグループを作り、施設内のどこかに消えていった。

午後の予定は、室内実験である。みんなが席に着くと、わたしはこう切り出した。

「最初にジョニーさんからよい知らせがあるそうですから、聞かせてもらいましょう」

「すばらしい話です。実は前回の研究会の後、東京大学の山中先生に電話しました。そうしたら、ヒルを研究する子どもたちがいるのか。それはうれしい。ぜひ会いたい、ということになり、夏休み頃にここに来てもらうことになりました」と、ジョニーさんはビッグニュースを告げた。

みんな大喜びだ。

「こんなところまで、東大の先生が来てくれるんですよ。すばらしい」

ジンクンが、続けた。「すごいことになったね。頑張ろう。東大と言えば、日本最高レベルの大学だよ。この中から、東大に行く子が出たらうれしいなあ」

「よし、俺が行く」

「お前では無理だ。めっちゃ頭良くないとだめらしい」

子どもたちの興奮は収まらない。ようやく静かになったところで、授業を始めた。

「ヒルのことをよく知るには、まずは観察です。どんな研究も、自然をしっかり詳しく見ることからスタートするんです。今から、白い紙の上にヒルを一匹ずつ置きます。そして、ノートの真ん中にヒルの絵を描きます。その周りに外から見てわかることを、たくさん箇条書きにします」

「たくさんって、いくつくらいのこと」

「たくさんは、たくさんです。二〇くらいは頑張りましょう」

「えーっ、そんなにないわ」

「見てわかることなら、何でもいいのです。形でも、動き方でも、色でもいい。ただし、かかわってわかることは、この次にしますので、触ってはいけません」

「鉛筆でつついてもだめ？」

「だめです、息を吹きかけるのもやめましょう。とにかく、外から見てわかることを書きましょう。当たり前のことでいいのです。適当な言葉が見つからなかったら、イラストでもいいです」

子どもたちは、紙の上にヒルを載せるため、自分のフィルムケースからヒルを取り出そうとした。ところがどっこい、ヒルは簡単にはケースから出てきてくれない。指を入れるのは吸いつかれそうで怖いし、トントンしても出てこない。みんなそれぞれ苦労している。鉛筆を突っ込んで、ひっかけようとしている子もいた。これだけで、たくさんの気づきが生まれたはずだ。でも子どもたちは、そんなこととは知らず、「こら、出てこい」とか「殺

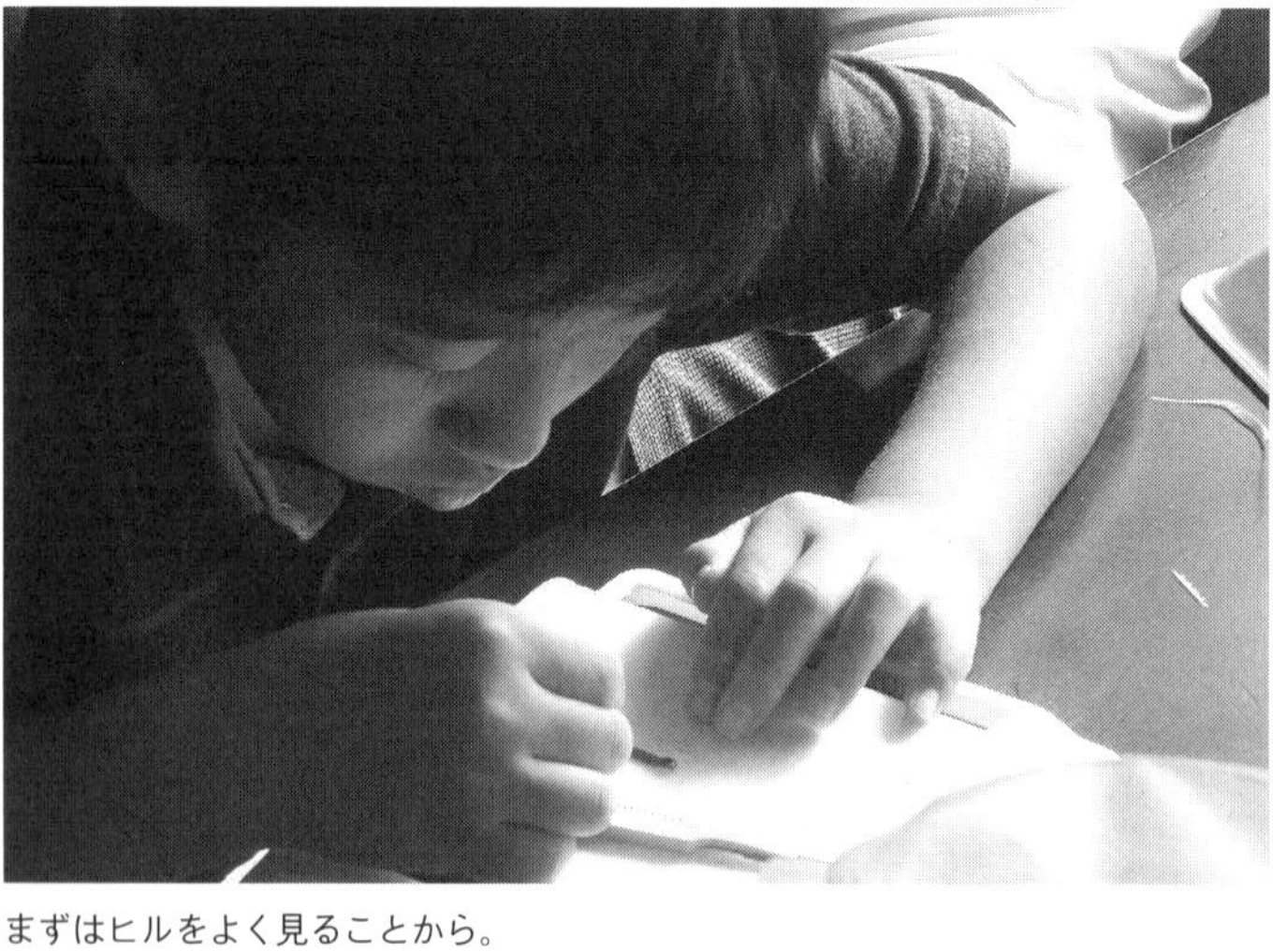

まずはヒルをよく見ることから。

さないから大丈夫」と声をかけながら、悪戦苦闘している。

まず取り出しに成功したのは、物静かで器用なケイトだった。みんなはケイトに駆け寄り、どのようにしたのか尋ねている。

「普通にしてたら、出てきた」

ぶっきらぼうな返事だった。ケイトのその言葉に、あまりつついても出てこないのだと悟った子どもたちは、しばらくそっと置いてヒルがケースから自然に出てくるのを待っていた。フィルムケースの中はぬるぬるとしていて、見るからに気持ちが悪い。一〇分以上格闘している子もいるかと思えば、その間に五つ以上の気づきを書き込んだ手早い子もいる。中学生は、なかなか上手に書いている。

「あと一〇分で、気づきを発表してもらいます」

ヒルをフィルムケースに入れて観察する。

一〇分が経ち、ヒルをいったんケースの中に戻すことにした。これはそれほど難しくなかったようで、全員が成功した。

「はい、それでは、一人一つずつ発表していきます。なくなるまで順に発表します。友達の発表を聞いて、自分にない気づきがあったら、付け加えていきましょう。では、四年生から」

「ぬるっとしている」

「先が細い」

「吸盤がある」

「丸い」

「目がない」

「足がない」

「表面がざらざらした感じ」

「シャクトリムシのように動く」

「細い方が前」

「ナメクジのよう」

「口がない」

「えーっ、口なかったら、血吸えへん」と、声が上がる。

「人間のような口がないということだね。いいよ、これも」

「びよーんと伸びて、キューっとまげて、動いていく」

次々とヒルの特徴が挙げられていく。子どもたちはこんなふうに物を見ている。かれらの発表は、どれをとってもヒルの正体を調べるうえで大事な視点であり、全部が正解である。

一通り発表が終わると、「それでは、このヒルを絵に描いてみよう」と、提案した。

「今みんなが気づいたことが、できるだけ多く含まれるような絵にします。つまり、この絵を見ればわかる、というような絵を描いてみよう。図工の時間の絵とは違います。気づいたことがよくわかるように意識して、できるだけそっくりに描いていきましょう」

描き始めた絵を見ながら、一人ひとりに声を掛けていく。

「形をまず気にしてほしいね。例えば横幅の何倍くらいが身長になるのか、目分量で計算して描いてみよう。そうすると、よく似てくるよ」

ヒントをもらって、描き直す子もいる。完成した子からホワイトボードに張り出す。みんな、うまく特徴を捉えて描いている。一時間半もの長時間集中したので、三〇分ほど休憩しよう、と言うと、みんな外に飛び出していった。しばらくして、ヒルを捕まえて帰ってきた子もいた。子どもたちにとって、ヒルはすっかり身近な存在になったようだ。

休憩が終わると、わたしはみんなの気づきが書かれたホワイトボードの前に立ち、「先ほどの気づきから、少し難しいお話をします」と、会を再開した。張り出された絵を見回しながら「どれもよく描けている」と言うと、子どもたちはうれしそうな顔をした。

「これが観察です。これで研究のスタートラインに立ちました。みんな正解です。どれ一つ事実と違うものはありませんね。すばらしい。さて、体が丸いという発言がありました。そうですね。ヒルは前から見ると丸い筒のようになっています。このような生き物の仲間を難しい言葉で、環形動物と言います。ヒルの仲間は、その中のヒルド科というところに分類されています」

「ナメクジもそう？」

「違います。よく似ていますが、ナメクジはカタツムリの仲間です」

「田んぼや川にいるヒルは？」

「あれは、ヤマビルと同じ仲間です。みんなが身近に知っているものの中に、ミミズがあると思いますが、あれはヒルの仲間です」

「へー。そうか、ミミズもチューブみたいだもんね」

「誰かから訊ねられて『ヒルはミミズの仲間です』と答えたら、びっくりされるでしょうね。覚えておきましょう。目がないと誰かが言いましたが、確かに眼らしきものはなかったですね」

「そしたら、どうやって人や動物を見つけるの？」

「そうだよね。これも調べてみないといけないね。どのように実験したらいいか、考えておいて」

「鼻もないよ」

「息吸わなくてもいいのかな」

「死んじゃうやん」

「魚と一緒かな」

「魚は、えらで呼吸してるよ」

「皮膚呼吸というのもある」

さすが中学生。

「あの表面がぬるぬるしていることと関係があると思うよ」

鋭い指摘をするショウキは、みんなの注目の的になっている。こんなやり取りがしばらく続いた。見える部分を観察しただけで、こんなにたくさんのことがわかることを体験したようだ。

「ジンクンにお願いして、今日のヒルは大きい瓶に移し替え、飼育してもらうことにしよう」

「持って帰ったらだめ?」

「このフィルムケースでは、多分次回まで生きられないと思う。今日のところは、ジンクンに預けてください」

最後に「次回は、ヒルをみんなに飼ってもらいたいので、あればガラス製の海苔の瓶を持ってきてください」と伝えて、子どもたちと別れた。

第三回のヒル研は、梅雨の走りで小雨の中行われた。今日ヒルを入れるのは、各自が持参した海苔の瓶。カッパを着ていつも通りに、ヒルを捕りに出かけた。気温は約一八度くらいで湿度はほぼ一〇〇パーセント。たくさん捕れるはずだったが、あまり捕れない。山の中を歩き回ったのに、一人数匹という感じだった。

お昼になり、みんなが部屋に戻ってきた。玄関でカッパを脱いだら、自分が弁当を置いた席まで走り寄ってきたのだが、一人足りない。どうしたのかな、トイレかなと話していると、シャツをまくり上げて右わき腹にヒルをつけたまま入ってきた人がいた。ボランティアのタッくんだ。実はタッくんは、ヒルに触れない。初回から、みんなの後ろに立って安全確認の仕事に専念していたのだ。

「おい、誰かとってくれ」

みんなは、もう少し吸わせておこうよと口々に言った。

「弁当食べられないやんか。見殺しにするな」と、叫ぶタッくん。

総大がさっと立ち上がり、タッくんのわき腹からヒルを外してやった。血が流れてくる。ジンクンがポイゾンリムーバーを持ってきて、手当をした。楽しい弁当タイムは、五分ほど遅れて始まった。

食事が終わり、午後の実験の時間だ。

「今日は、ヒルにいろいろ働きかけて、どのようになるか調べることにしよう」

そう言って、みんなのリクエストで集めておいたものを机に並べる。一番人気は、塩だ。やはり、「蛭に塩」「なめくじに塩」という喩えからの連想なのだろう。

シャーレの中にヒルを入れて、上から塩をパラパラと振りかけてみた。ヒルはびっくりしたように暴れだし、黄色い汁を出して弱っていく。

「わあっ、苦しんでる」

「かわいそう」

「死んだよ」

「殺したんだろう」

色々な反応がある。

「さあ、ノートを出して、気づいたことをメモしよう。様子がよくわかるように」と促す。

「水かけてもいい？」

「いいよ、いろいろ考えたことを試してみるといいね」

そこから二〇分ほど、大騒ぎとなった。

「次は、みんなが前回にリクエストしたものがテーブルの上に置いてあるので、自分のヒルの数をよく考えながら、試してみよう、こうしたら、こうなったということを必ずノートに書いてから、次の実験に移るように」

子どもたちは、それぞれ自分のやりたいことをやり始めた。かれらが食塩の次に試してみたいと言っていたのが、ケチャップだった。理由は、血とよく似ているから。

早速、ショウタが試した。ジンクンは、カメラを構えながらその様子を見ている。

爪楊枝にとったケチャップをヒルの前に差し出すが、ヒルは見向きもせず、ショウタの指のほうに伸びてきた。「これは食べ物だぞ、おいしいぞ」と言いながら、何度も繰り返すショウタ。でも、ヒルは無反応。それを見ていたほかの子は「食べないな。無理だ」と言って、別の実験に取り掛かった。

でも、ショウタは二〇分くらい、やり方を変えながら試し続けていた。この根気は称賛に値する。

醤油をかけるという子がいた。ハッちゃんだ。試してみると、ヒルは体をくねらせ醤油から逃げ出そうとする。

「醤油を使えば、ヒルをやっつけることができるぞ」

大きな声でハッちゃんが叫ぶと、中学生が「それは醤油には塩が入っているからだ」と一蹴。ハッちゃんは気の合う総大を呼び、醤油に水を加えて薄め、再度確かめようとしていた。ビーカーを出してきては適当に水を加え、ヒルにかけている。何度も試していたようだった。このことが次回の実験のヒントになった。

みんなが持ってきたのは調味料が多かったが、試してみたいものを一通り試していたようだ。ヒルは何を食べるのかが、やはり気になるらしい。

発表の時間になった。「まず、何をしたかを言います。それから、それをしようと思った理由。最後に、どのような結果になったか、その様子も含めて話します」と、発表の仕方を説明する。

子どもたちは、ノートを出して書き始めた。

「この発表パターンに合わせて、自分の発表内容をまず書きましょう。いくつかある子は、発表したい順に時間のある限り書きましょう」

順に発表が始まった。

「僕は、ケチャップを食べさせようと考えました。なぜかというと、ヒルは血を吸いますが、ケチャップはその血とよく似た感じがするからです。ケチャップを食べるのではないかと思って、何度も試しました。その結果は、まったく食べてくれませんでした。ヒルはケチャップを食べないことがわかりました」

ショウタの発表はスムーズだった。何度も根気よく試していたことを褒めると、みんなから拍手が起こった。

「このように発表しよう。次の子」

ユキテルが前に立った。

「僕は、塩をかけたあとのヒルを、水につけてみました。塩を洗い流せば、生き返るのかどうかを調べたかったからです。結果は、だめでした」

「つまみだして洗ったのですか」

「シャーレの中に水を入れて、何度も捨てたり入れたりして洗いました」と、ユキテル。

ユキテルと一緒に実験していたアクアが続けた。

「僕は、ヒルを水の中に入れてみました。皮膚呼吸をするのなら、水の中につけておいたら死ぬのではないか。溺れるのではないかと考えたからです。結果は、すぐ水の中から出てきました。ピンセットで押さえつけていても、何とか逃げようとして出てきます。ヒルは水に溺れることはないようです」

「これだけで、研究発表できるね。すばらしい」

ハッちゃんが総大と手を挙げた。

「僕たちは、醤油を使って実験しました。まず、そのまま醤油をヒルにかけたら、苦しみました。動かなくなったのもいるけれど、まだピクピクしているのもいました」

「それで僕たちは、醤油に水を加えて薄い醤油にしてみたらどうなるかを調べました。醤油を倍くらいの水で薄めた中にヒルを入れたら、大急ぎで出てくるだけです。先程の水の話と似ています」

「なぜ水で薄めたのですか」

中学生からの質問だった。

「醤油に塩が入っていると聞いたので、水を入れて薄めてみようと思ったからです」

厳しい質問が続いた。

「なんで、倍くらいと決めたのですか」

「なんで……って。適当に」

「実験に適当にというのはないと思います」

やりとりに感心したわたしは、こうまとめた。

「さすがは中学生だね。鋭いところに切り込みました。小学生は、これからこういう勉強をしていくんだよ。次回はみんなで、ヒルは塩水の中で生きられるのかどうか、調べてみよう。どのくらいの濃さで死ぬかがわかったら、すごい研究になるぞ」

発表が終わった子どもたちは、今日のまとめを書く。多くの子は、やはり最後の発表が印象に残ったようだ。「次やってみたいことを書いておこう」と促すと、さっそく食塩水の話を書いていた子もいた。

瓶の中には、ヒルがまだ五、六匹残っていた。ハッちゃんが、「これ持って帰ってもいい?」と聞いてきた。

「いいけど、今度来るときに持って来るのを忘れないで」

ハッちゃんは、持ち帰ることにしたらしく、ジンクンから飼い方を聞いている。持って帰りたいという子だけ、持って帰ってもよいことにした。強制ではないが、「僕も」「ぼくも」と手が挙がり、結局六人が一匹ずつ持ち帰ることになった。

さようならをしたみんなは、駐車場で待つお母さんのもとへ急ぎ、ヒルの入った瓶を差し出している。

「これ、持って帰る」

「なに、それ、まさかっ」

「ねえ、持ち帰りたい」

「だめっ、返しておいで」

「みんな持ち帰るよ」

「みんなはよくても、うちはダメ」

こんなやりとりがそこかしこで起きていたのだろう。車から追い出された総大、マッちゃん、ユキテルらが、「あかん、あかん。お母さんが怒ってる」と、口々に叫びながら引き返してきた。ヒルの瓶ぐらいで雷が落ちるなんて。せっかくお母さんに今日の出来事をいろいろ話したかったのに、全部ダメになった。ああ、腹が立つなあ……いかにもそう言いたげなぶすっとした表情で、「これは、自然の家に置かせてください」と言う。

「えっ、どうして。せっかく持ち帰ろうとしたのに」

すると子どもたちのあとを追うように、数人のお母さんがやって来た。代表者のお母さんがこう言った。

「ヒルは、ここだけにしてください。家に持ち帰りは、だめです。車の中は絶対だめです」

「せっかくヒルと友達になろうとしているところなので、何とか子どもたちの気持ちを汲んでやってください」と説得している間にも、保護者の数がどんどん増えてくる。

「それは、無理です。家の中で逃げ出したらどうするのですか」

「団地アパートですから、隣の家に逃げ出したりしたら大変です」

とにかく保護者会としては、持ち帰りは認められません、の一点張りだった。さすがは嫌われもの三大生物の一つに入っているだけのことはある。わが子をヒル研に入れているというのに、すごいアレルギーだ。仕方がないので、瓶に名前を書き、自然の家で預かってもらうことにした。

保護者たちは、子どもを後ろから支えはするけれど、ヒルと直接触れ合うのはお断りということのようだ。ヒルの持ち帰りは時期尚早、という教訓を得た。

かくして、ヒルとの出会いは、さまざまなドラマを生んでいくことになる。

内緒でヒルをつけてみた。

コラム	ヤマビルって、どんな生き物？

〈基本情報〉

- 環形動物門ヒル綱顎ヒル目ヒルド科
- 皮膚呼吸をしている。
- 雌雄同体で、卵で増える。
- 動物の生き血を吸う。
- 細い方が前、太い方が後ろ。前後に吸盤がある。前と後ろの吸盤を使ってシャクトリムシのように伸び縮みし（体長の5～6倍に伸びる)、すばやく進む。
- 吸盤の吸引力はめっぽう強い（詳細はP.138)。

〈いつ、どこにいるの？〉

- 本州や九州の山の湿った日陰、落ち葉の裏などに身を隠し、獲物を待ち構えている。
- 湿度と温度が高いと活動が活発になる。気温15度以上、梅雨の時期に注意。
- 昼夜問わず活動している。

〈ヒル被害を防ぐには〉

①ストッキングを履く

ストッキングや目の細かいソックスなど、繊維の網目が細かく二重構造になっている生地は、ヒルの頭が入らないため有効。ただし、ゴム口などから侵入されることがあるので注意（詳しくはP.277)。

②ヤマビル除けスプレーをかける

市販のヒル忌避剤はヒルを近づけないために有効。ヒル研では、顧問の西村社長が作っている「ヒル下がりのジョニー」（株式会社エコ・トレード）を愛用している。

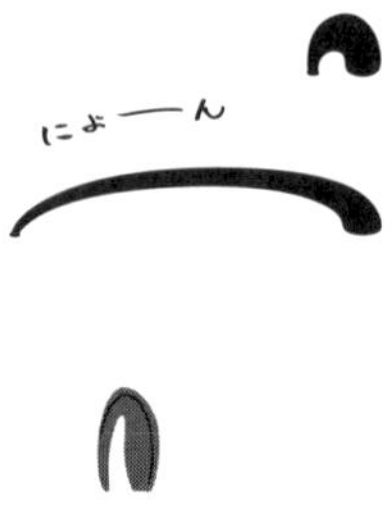

第2章 ヒルの弱点を突き止めろ

ヒルは、何に反応するか

　ヤマビルは、音もなく人間に忍び寄る。目はない。鼻の穴も空いていない。どのようにして、人間を見つけるのだろう。ヒルにそっと指を伸ばすと、さっと乗り移ってくる。鉛筆やシャープペンを差し出しても、知らんぷりなのに、なぜだろう。

「どうして指と鉛筆の見分けがつくの」

「鉛筆は温かくないからだ」

　鉛筆を脇に挟んで温めてから、そっとヒルに近づけてみた。ヒルは、あれっという感じで、鉛筆に関心を向けたように見えたが、上がってくることはなかった。

「生物と無生物の見分けがつくのかな」

「目もないのに、無理だよ」

「でも、温かさには、関係がありそうだね」

　次の研究日、子ども研究員たちは、学校の実験でよく使う円形の水槽と、小さいジャムの瓶を二本用意した。一本には氷と水を入れ、もう一本には四〇度の湯を入れる。水槽には、それら二本の瓶と、ヤマビルを二〇匹入れ、蓋をする。この状態で、ヤマビルの動きを観察するのだ。

ヒルたちは適当に歩き回っていたが、しばらくすると、温かい瓶のほうに集まり始めた。瓶の周りにへばりついている。瓶の側面を上り始めたものもいる。

「やった。実験成功」

「温かいものに集まるのだね」

「僕にいい考えがある。瓶に入れるお湯の温度を変えて、どの温度が好きか調べてみようよ」

さらに細かくデータを取ろうというのである。

「もっと大きな水槽がないと、無理じゃない」

「それなら、いろいろな温度の瓶を作って、順に入れていき、来るか来ないかを調べたらいいよ」

「水道の水から、一〇度ずつでいいんじゃない。そこまで正確な温度は必要ないよ」

「水道水は、二一度」

「じゃあ、三〇度、四〇度、五〇度でいいんじゃない」

「低いほうはいいかな」

「二〇度に集まらなかったら、それ以下はいらないよ」

「じゃあやってみよう」

こうして、再実験が始まった。まずは、水道水を入れた瓶をヒルのいる水槽に置く。みんながじっと見守る中、ヒルたちは何事もなかったかのように、それぞれ気に入ったところにじっとし始めた。つまり、水道水には反応しなかったということである。

次に試したのは、三〇度の湯である。少し温めて三二度くらいにしたものを、水槽に入れた。すると、瓶の近くにいたヒルが、瓶のほうに少しずつ寄っていく様子が見られた。瓶から離れている個体は、瓶の温度に気づいていない。

四〇度の湯の瓶を入れてみると、瓶のそばのヒルはすぐに反応し、瓶めがけて突進してきた。離れたところにいたヒルも、何かを感じて寄ってきた。さらに、少々熱めの五〇度で試してみる。さすがにこれには近づくものがいない。少し関心は寄せたが、すぐUターンして離れていく。熱いのは嫌いなようだ。

こんな遊びのような実験を繰り返しているうちに、気づけば二二時を回っている。子どもたちは大急ぎで入浴し、寝袋に入った。風呂の順番待ちの最中に、今日のまとめを書く。

ヒルは、動物の体温くらいの温度に強く反応する。

このセンサーで、人と認識して近づいてくるのだろう。

「でもさ。森にヒルを探しにいくとき、顧問のジョニーさんは、地面に盛んに息を吹きかけているよね」

と、一人が言った。確かにそうだ。ジョニーさんが息を吹きかけたあと、少しすると、小石や落ち

水槽に入れたヒルに、試験管に湯を入れて近づけると、ヒルは試験管に登ってくる。

ペットボトルに40度の湯を入れて地面に置くと、ヒルが集まってくる。

葉の下からヒルたちがヒョコヒョコ出てくるのだ。

そこで、息に反応しているのかどうかを確かめるため、これについても実験してみようということになった。

翌朝、さっそく子どもたちは実験を始めた。昨日と同じように、水槽に二〇匹のヒルを入れて蓋をし、しばらくヒルが落ち着くのを待つ。ヒルたちは、移動させた直後は興奮しているが、しばらくすると収まり、水槽の底にたまって静かになる。それを見計らって、みんなで一斉に息を吹き込むのである。

「まだ、まだ。はい、息をいっぱい吸って」

わたしが合図すると、子どもたちは胸いっぱい息を吸い込んだ。カメラ係のボランティアも、動画撮影をスタンバイしている。わたしが蓋を外すやいなや、みんな顔を寄せ、水槽の中に息を吹き込んだ。

「わあっ、すごいすごい。ヒルダンスしてる」

「この動画は、見ごたえあるねぇ」

水槽のヒルは一斉に立ち上がり、首を振りながら動物を探しているようであった。

「もう一度やろう。おもしろい」

ヒルが落ち着くのを待って、再度同じ実験をした。

「さあ、行くぞ。みんな息を吸って、もっともっと……」

さっと蓋を取る。子どもたちは水槽の中に思い切り息を吹き入れた。

びっくりしたように、ヒルがダンスを始めた。
どこだ、どこだと言わんばかりに、首を振りまくっている。あまり楽しいので何度も繰り返しているうちに、あっという間におやつの時間になった。乾燥して弱ってきていたヒルたちも、霧吹きで水をかけてやると、落ち着いたようだ。

ヒルが二酸化炭素に反応して集まることを示す、これ以上の実験はない。まさにヒル研ならではの実験だ。楽しそうに取り組む子どもたちを見るのはうれしい。そこでわたしは翌日、「二酸化炭素が出ているほうにヒルが向かってくる様子を撮りたいのだが」と、提案してみた。水槽の一角から二酸化酸素を吹き込み、ヒルがいっせいにこちらに向かって走ってくるところを映像に収めてみたかったのだ。「それはおもしろそう」と、みんな賛成してくれた。

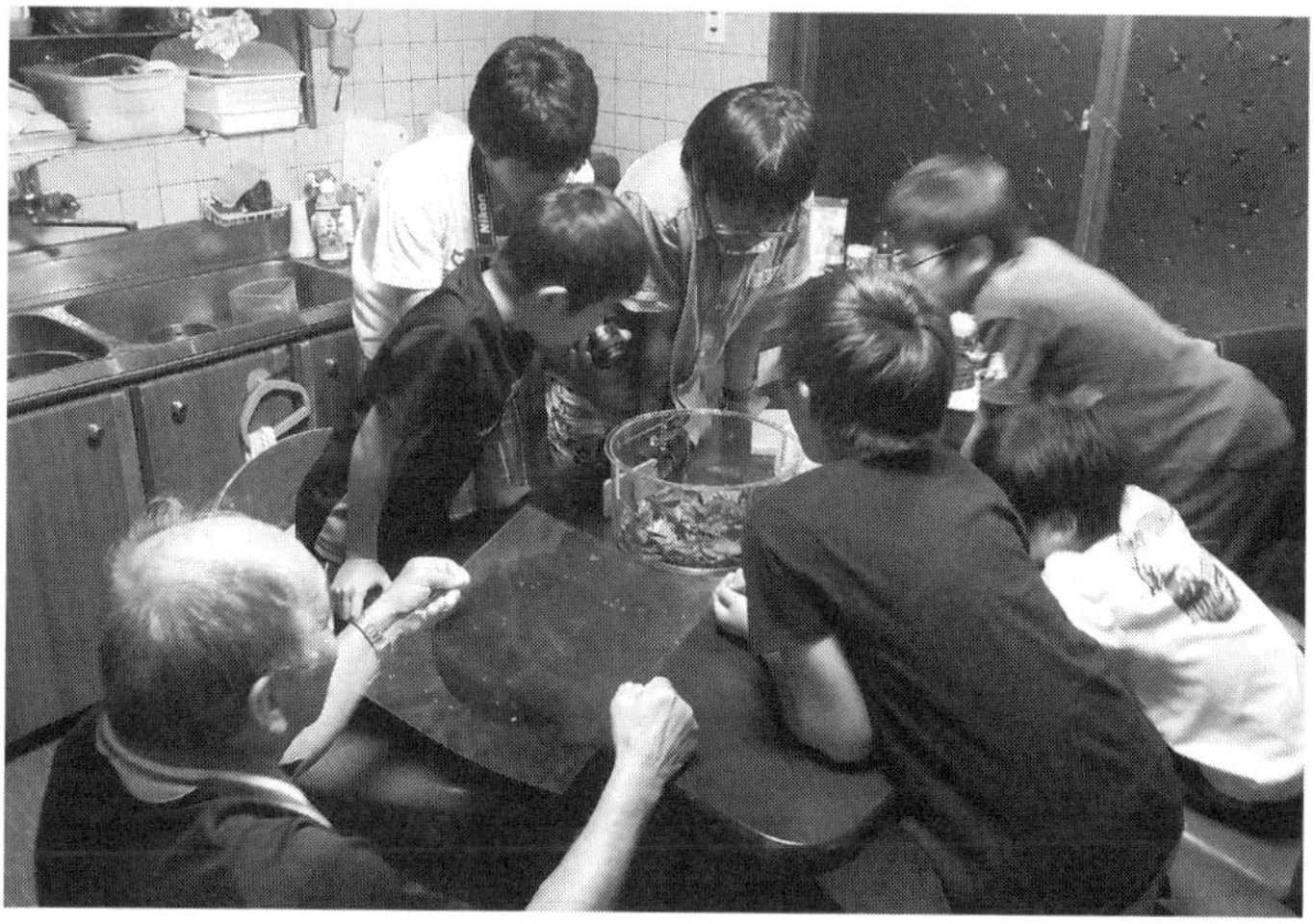

水槽に入れたヒルに、みんなで一斉に息を吹きかけると、一斉に首振りダンスをする

そこでわたしは、こんな装置を作った。まず、ペットボトルのキャップに、細いビニルのホースを取りつける。空気が漏れないように、キャップとホースの隙間にはコーキング材を注入する。このキャップを五〇〇ミリリットルの炭酸水が入ったペットボトルに装着し、軽くゆすると、ホースの先から二酸化炭素が出てくる、という装置だ。子どもたちは興味津々で、「なぜこんなことを思いついたの」と訊いてくる。わたしは「企業秘密だよ」とごまかしながら、実験方法を説明した。

まず、フィルムケースにヒルを二匹入れ、丸型水槽の中央に置いたら、カメラのピントを合わせる。フィルムケースの斜め上二〇センチくらいのところに、ビニルホースの先端がくるように固定する。合図と同時にフィルムケースの蓋を開け、水槽の蓋を閉める。作業者は、息をしないよう気をつける。水槽の蓋が閉まったら、炭酸水のペットボトルをキャップに装着して観察開始。録画スイッチは、炭酸水のホースをつけるときに入れる。

さあ、いったいどうなっただろうか。読者の皆さんも、想像してほしい。

「では、実験を始めます」

手順通り進み、ペットボトルにキャップをつけるところまできた。ヒルは、フィルムケースの中にいる。すべて予定通りだ。録画スイッチも入り、ペットボトルにホースがつながった。

ヒルは、すぐに二酸化炭素に気がつき、フィルムケースの中から体を伸ばし、二酸化炭素の方向を探した。そして、フィルムケースから出て、ビニルホースのほうに近づいてきた。もう一匹も、同じように出てきた。子どもたちは「成功だ!」と喜んでいるが、これではダメだ。ボトルから二酸化炭素が出過ぎてしまっている。ほんのわずかずつ出すのがコツなのだ。これが企業秘密の所以なのだが、研究員たちはぽかんとした顔をしている。

そこで次は、炭酸水の入ったペットボトルをほとんど泡が出なくなるまで振ってから、ホースの先をフィルムケースの真上にセットした。

「よし、これでいいはず」

再び、同じように実験を開始した。今度は、ヒルはフィルムケースの上のほうに出てきたかと思うと、突然真上に伸び、ヒルダンスをした。フィルムケースの口に吸盤をつけて、体いっぱいに背伸びしながら、ホースの先を探している。

「うまく撮れたかな」

「はい、ばっちりです」

子どもたちはなるほど、という顔をした。

次に、炭酸水ではなく自分たちの息を吹き込んで、同じようなダンスを見るには、どれくらいの吹き込み具合がいいか、調べてごらんと、子どもたちに指示した。

そう言われて、子どもたちは最初は代わりばんこに吹き込んでいたが、途中で面倒くさくなったのだろう、ヒルをフィルムケースに戻さず、水槽の中に自由に放し、その上から息をそっと吹きかけている。息を感じたヒルは、びっくりしたように、キョロキョロする。ヒルの口の前、一〇センチくらいからそっと息をかけてみると、そちらのほうに向かって進んでくる。

「おもしろい。こっちへおいで。今度はこっち」と、子どもたちは「鬼さんこちら」よろしくヒルを誘導して楽しんでいた。そのうち、ヒルも騙されているのに気づいたのか、あまりついてこなくなった。

顧問のジョニーさんが、知り合いの小泉さんの論文を見せてくれた。小泉さんは、東京大学の千葉演習林でヤマビルの研究をしておられた故・山中征夫先生の、唯一の弟子である。ジョニーさんが見せてくれたのは、その小泉さんが、ヒルはどのくらいの距離から二酸化炭素を認識できるかを実験で突き止め、まとめた修士論文だった。

数式が並ぶ修士論文を子ども研究員だけで読み解くのは難しいので、わたしが読んで、解説することになった。しばらく読み進めると、おもしろい写真があった。

「この写真を、見てごらん」

小泉さんが、宇宙服のような服を着て、顔には防毒マスクを当て、ゴムホースをくわえながら、広い室内で何やらやっている写真だ。子どもたちは写真を見るなり、その滑稽さに大爆笑している。

「これ、まじめにやってるんだよ。ヒルは、どのくらいの距離から二酸化炭素の存在に気がつくのかを実験をしているんだ。ともあれ、結論としては二・五メートルが限界と書いてある」

　これは、子どもたちの実験結果とも合致する。これで、ヒルは二酸化炭素にも反応することが証明された。みんながジュースで乾杯する中、ひとりパソコンの前でネット検索をしていた央典が、「震動にも反応するらしいよ」と、言った。

　みんなは、そうだろうという顔をしただけで、驚く様子はない。しかし、ここから議論は展開していく。

「ジョニーさんがヒルを集めるときいつも、ヒル捕り場でドンドンと足を踏み鳴らしてから、出てくるのを待っているよね」

「そうだなあ。でも、僕たちはそんなことしないのに、いくらでもヒルは捕れるよ」

「調べてみる価値ありだね」

「どうやって調べるの」

「む……」

「僕たちがヒル捕り場に直接入ってしまうと、熱か二酸化炭素に反応して出てくるかもしれないよ」

「外から、ゆらす方法はないかな」

「長い棒で、遠くから地面をたたく」

「僕らが、周りでどんどん足踏みするのは、ちょっと……」

「何かいいリモコンないかな」

「僕、ラジコンカーを持ってる、多分動くと思うよ」

今年入った悠太が、手を挙げた。

「それもおもろいね。五メートルくらい離れたところからで、大丈夫じゃないかな」と、思わずわたしも口を出した。

「もっと離れていても、大丈夫」

「よし、それを使おう。実験室じゃなくて、野外で実験できる。ついでに、温度や二酸化炭素も一緒に試してみよう」

七月中旬、雨天の翌日という、絶好の野外実験日が訪れた。

朝から山に行き、まず、足音代わりのラジコンカーを走らせてみた。十分くらいガーガー走らせたが、ヒルは出てこない。ときどき、息を止めて調べに行ったり、望遠鏡でラジコンカーの後ろを追いかけたりしてみたが、ヒルは見つからない。それで、足音を出そうと、息を止めて周囲でドンドンしてみたが、特に変化なし。

悠太が息を止め、小走りでヒル捕り場を走り抜けた。靴にもついてこないし、通ったところにもヒルは出てこない。ヒルは、震動では出てこないことがこれでわかった。

続いて、ビーカーに炭酸水を入れて、ヒル捕り場の真ん中にそっと置いた。三〇秒くらいすると、ビーカーから三〇センチほど離れた石の間から、大きなヒルがのっそりと出てきた。もう少し離れたところからも、別のヒルがせわしなくシャクトリムシ運動をしながら出てきた。

「来た、来た」

「おう、来るねえ。確かに来るよ」

「ビーカーに上ってくのもいる」

ヒルは二酸化炭素に反応して集まってくることが、野外でも実証された。

ビーカーを取り去り、二酸化炭素の影響がなくなるまで待ったら、次は五〇〇ミリリットルのペットボトルに四五度の湯を入れて、ヒル捕り場の中央に置く。

この反応は早かった。二酸化炭素で目覚めていたのかもしれないが、石の間から、木の葉の下から、大きいヒルが五匹も出てきた。ペットボトルに這い上がって、歩き回っている。完全に動物と間違えている様子。小さなヒルまで次々出てきた。ペットボトルの下が温かいのか、そこで動かなくなるヒルもいる。

ペットボトルに40度の湯を入れて地面に置くと、ヒルが集まってくる。

熱のほうが、感知されやすいということか。

でも、熱はそれほど遠くには伝わらない。ヒルはまず二酸化炭素でおびき寄せられ、熱で動物であることを確認して上り始めるのだろうという結論で、今日の実験はまとまった。

小泉さんの論文では、二・五メートル程度から反応するとあり、この現場の実験とも合っている。ヤマビルは、熱、二酸化炭素、震動を感知して動物に近づいてくると言われているが、今日の実験で、二酸化炭素と熱に反応して寄ってくることがわかった。子ども研究員たちにによる新しい発見である。

さらにその後、名古屋で毎年開かれる「夏山フェスタ」で、研究員たちはおもしろいことに気がついた。二時間前から会場入りし、準備に当たっていた子どもたちは、飼育瓶にヒルを一〇匹入れて持ってきていた。物珍しいのか、通りすがりのスタッフが瓶を持ち上げては覗いていくので、ヒルたちはなかなか落ち着かないようだ。そのうち準備が佳境に入るとスタッフも立ち寄らなくなり、気づけばヒルたちは葉っぱの下に入って休んでいる。

研究員たちは、ヒルは木から落ちて来ないことを説明するのに、パワーポイントの準備やリハーサルに忙しい。開場時刻が近づくにつれ、緊張した面持ちになってきた。このブースに来てくれるよう呼び込むには、何と言えばいいのだろう。鈴鹿の山からヒルを連れてきています。とってもかわいいヒルです、と声をかけることにしようか……みんなでいろいろとシミュレーションしている。

「開場三分前です、準備はよろしいでしょうか」との場内放送があってしばらくすると、たくさんのお客様が入ってきた。開場前から二〇〇〇人が並んでいたという。子どもヤマビル研究会のブースは入口の向かい側の隅にある。

ふと飼育瓶の中のヒルを見ると、大興奮しているではないか。狂ったようにヒルダンスを踊るヒルたち。めったに見ることがないヒルの様子だ。どうしたのだろう、と中を見ていると、飼育瓶の空気穴に群がっている。空気の通り道を作るため、瓶の口はガーゼで覆ってある。

これだ、と思った悠太郎は、すぐ央典を呼んで瓶の中を指さした。

「やあ、すげえっ。何これ。荒れ狂ってる」

「理由わかる?」

悠太郎が聞いた。

「二酸化炭素?」

「そう、人が一度にどっと入ってきたので、二酸化炭素濃度が高くなったのさ。それを察知して、ヒルダンスをしているのさ」

さすが中学生、この様子を見事に説明してのけた。

「明日の朝も、同じことが見られるよ」

二日目は、設営は済んでいるので、央典はゆったりと飼育瓶を眺めていた。ヒルは落ち着いていて、落ち葉の中に潜り込んでいる。

「今日も、見られるかな」

央典は、その瞬間をワクワクしながら待っていた。開場のアナウンスが入り、ドアが開いて、たくさんの人が入ってきた。

瓶の中は、再び大騒ぎになった。我先にと、少しでも高いところに上り、ヒルダンスをしている。

それにしても、わたしたちでは気づかない二酸化炭素濃度のわずかな変化に、ヒルは気づいているのだ。山に入った人間を、この感度で待ち構えているのだから、やられるに決まっている。足音でなく、二酸化炭素に反応するのはこれで明らかだ。

「でも、この現象、小泉論文の二・五メートルとは合わないよ」

「野外だと囲いがないので、二酸化炭素の発生源から二・五メートルくらいが限界だろう」

「ふんふん」

「この会場は箱の中なので、少し離れた入り口で二酸化炭素がどっと排出されると、この部屋の二酸化炭素濃度が少し高くなる。だからヒルは、遠くの入り口付近に人がいても反応するのだ」

研究員は、お客様そっちのけで議論に白熱している。この間、ジョニーさんがチラシを配りながら、子どもヤマビル研究会の活躍を話してくれていた。

「ヒルのセンサーは、二酸化炭素濃度に反応するというより、濃度の差を察知しているのじゃないかな」

「そうか、何パーセントじゃなくて、今より少しでも二酸化炭素濃度が高くなると、センサーが働く」

「その証拠に、人の出入りが安定してくると、二酸化炭素は多いはずなのにヒルは落ち着き始める」

「そうだよね。ヒルが疲れたわけじゃないもんね」

じっくり観察する力が身についている研究員たちは、すばらしい洞察力を発揮している。

結論に達したので、本来の仕事に戻った。

ジョニーさんは、来場の小中学生を見つけると、大きな声で「子どもたちが、ヤマビルを研究しています。ヒルは木から落ちてこないことを証明しました。その子どもたちが来ています。いろいろ質問してやってください」「ここにヒルを連れてきています。息を吹き込むと、ほら、見ていてください」と言って、飼育瓶の空気穴から息を吹き込む。

「わあ、すごい。踊ってる」

子どもたちの反応は、ストレートである。でも、大人は、「きゃー、気持ち悪い」と腰が引ける。

何度も息を吹きこまれ、そのたびにショーのようにヒルダンスを繰り返させられるヒルも、たまったものではない。このヒルたちは、あとでご褒美の血をもらえるわけもなく、また次の実験材料にされていく。子ども研究員たちに捕まったのが、運の尽きということか。

ヒルは、二酸化炭素に反応して吸血動物に近づき、そのあと哺乳動物の体温を感じて体に上がってくる。これが結論になった。

ヒルは熱中症にならないの

この日、ヒル研のある三重県では、熱中症危険情報が発令されていた。四〇度を越えるところもあり、とても生物が生きられる気象条件ではない。ヒル研の活動日で研究員たちが集まったものの、外に出るのは危険との注意喚起がされている中であり、おいおい室内の活動になる。

食事のあと、テレビを見てくつろいでいると、新会員の琢志が、「ヒルにも、熱中症ってあるの」とつぶやいた。小学四年生らしい発想である。さっそく、みんなに訊いてみる。

「あるよなあ、そう言わないだけで」

「そもそも熱中症って何なの」

「高熱で、神経系がやられるんじゃない。脱水で意識不明になるとか」

「暑さで体温の調整ができなくなり、命を落とすらしいよ」

「僕らは、三五度くらいから熱中症になるのと違う？」

「体温が三六・五度くらいだから、それより高い気温になると体から熱が出ていかなくなり、オーバーヒートを起こすんだ」

「体育の時間とか運動会の練習とかで、よく倒れる子がいるよね」

「ヒルでも同じじゃないかな。長時間太陽の下に置いておいたら、カラカラになるよ」

「そのあといくら水をかけても、生き返らないものね」

「でも、変温動物だから、人間とはちょっと違うのじゃない」

「何度くらいでアウトになるか、調べてみない？」

「いいね。熱湯をかけても生きてるかも知れないぞ」

「そんなばかな」

ということで、子どもたちは実験計画を立て始めた。

「まずさあ、ヒルもたんぱく質の塊なんだから、四〇度を越えると危険範囲になるよね。だから、五〇度まで調べたらいい」

「水槽に湯を入れて、その中にヒルを入れたビンを沈めるのが、一番安定していい」

「いま、水温が二五度くらいだから、三〇度、三五度、四〇度、四五度、五〇度でやってみる？」

さっそく装置を用意する。丸型水槽に湯を入れて、必要な温度にする。ヒルを三匹入れたジャムの瓶を、その湯に一〇分つけておく。その間、ヒルの様子を観察する。
●三〇度では、普通に元気に過ごしている。特に変化なし。
●**三五度では、動きが激しくなった。ピョコピョコと忙しそうに歩き回り始めた。ちっともじっと**

していない。暑いのだろうか。

●四〇度では、さらに動きが激しくなり、しばらくして倒れるものが現れた。

「熱中症や」
「夏のプールサイドを歩く僕らにそっくりや。ぴょんぴょん飛び跳ねてさ」

みんなのノートには、プールサイドのよう、と書かれた。

四五度にすると、動きは四〇度のときと同じだったが、より早くダウンした。完全にサウナ状態である。五〇度はかわいそうだからと、やめることになった。

「寒いほうは、どうなのかな」
「ついでに確かめよう」
「氷を入れて、調整しよう」

ということで、氷を入れて調整するのだが、こ

温度による生存実験。冷たいほうは、温めたら生き返ることが多い。

れがなかなか大変だ。どうしても一定温度にならない。非常に苦労した末、一度程度の誤差はOKということにして、実験開始。

- **二〇度では、ゆったりと落ち着いている。**
- **一五度では、動きがやや鈍くなる。じっとしている時間が長い。**
- **一〇度では、ほとんど動かない。瓶の底でじっとしている。ヒルの表面に、ネバっとしたものが出てきた。丸くなって、ひっついている。**
- **五度にしたかったが、これがなかなかならない。**

氷に塩を入れれば温度が下がることは、研究員たちも知っている。しかし、この実験を進めるには、使う食塩が大量になってしまう。そこで、保冷剤を使ってやってみた。瓶内の温度というより、瓶自体の温度が下がるので冷たいらしく、温かいところを探し求めている様子。

そのうち動かなくなるが、死んではいない。温かくしてやれば、元のように戻る。寒いのには、結構強いようだ。それはそうだろう。寒い山のどこかで冬を越しているのだから、低温には耐えられる構造をしているはずである。

子ども研究員たちのそれまでの観察データによると、自然界のヒルは地表面の温度が一五度以上にならないと、土から出て活動を始めないはずだが、今回の実験結果はこれに一致した。一五度がヒルの活動に必要な温度の下限と言えるだろう。

上限についても、外気温が四〇度に達するような日でも、ヒルがいる山林の地面や落ち葉の下はせいぜい二七度くらいまでで、三〇度にはなかなかならない。そうした自然界におけるヒルの生活環境と、今回の実験結果は一致する。

「ヒルに塩」を検証する

昔から「すぐに効果がある」ことの喩えとして、「蛭に塩」や「ナメクジに塩」という言葉が使われるが、塩を振りかけられたヒルは実際、黄色い汁を出してすぐ死んでしまう。塩はとてもよく効くのだ。

子どもヤマビル研究会では、ヒルの命をいただいて研究している以上、無意味な殺生はしたくないし、大量のヒルを殺すような研究をするつもりはない。ただ、ヒルの生態を知る上でどうしても調べなくてはいけないこともある。今回はかわいそうだが、犠牲になってもらうしかない。

まず、シャーレにヒルを一匹入れ、塩をパラパラと振りかける。塩が直接かかったところには穴が開き、ヒルは苦しそうにそこを中心に体をくねらせる。体中に塩がかかっているので、だんだん黄色い液が出てきて、体全体に拡がっていく。一分もしないうちに小さくなって動かなくなってしまった。体はすっかり硬直している。死亡を確認をしたあとで水で洗ってやっても、復活することはなかった。

この日は、どのくらいの塩分濃度でヒルは死ぬのかを調べようということになり、やってみたい濃さを出し合った。

「五〇パーセント」という声が上がったので、「それは、濃すぎる。死海でも三〇パーセントくらいだぞ」と、食塩水について解説することにした。

「食塩の重さを、水＋食塩の重さで割って一〇〇を掛けたものが、溶液の濃さだ。だから、一〇〇グラムの水に一〇〇グラムの食塩を溶かしたとすると、一〇〇÷（一〇〇＋一〇〇）×一〇〇＝五〇、五〇パーセントということになる。つまり、食塩水の半分が塩というイメージだね。あくまで計算上で、実際にはこんなに塩は溶けないけれどね」

「へえーっ！　ややこしい。これは中学生のお兄さんの仕事ということで……」

中学一年生のショウキに、みんなの視線が注がれた。

「まあ、とりあえず一〇パーセントで試してみよう」

「それで生きていたら、濃くすればいいし、死んだら薄くしよう」

計算をまかされたのは、同級生のケイトだ。

「塩の重さを□としよう。すると、□÷（一〇〇＋□）×一〇〇＝一〇の□の中を求めたらいい。これを変形すると、□＝一〇÷〇・九で約一一グラムということになる」

「よくわからない。どうすればいいの」

「正確にメスシリンダーで水を測って、一〇〇ミリリットルビーカーに入れる。これは六年生の仕事」

ケイトが、仕切り始めた。

「上皿天秤で、正確に一一グラムを測る。これも六年生の仕事」

「手分けして、計り終わったらビーカーに入れて静かにかき混ぜる。これは四年生の仕事」

「全部溶け切って透明になれば、一〇パーセントの食塩水になっているはずだ」

ケイトの指示で、分担作業が始まった。食塩水の作り方は、教科書には載っているし、参考書で測り方の注意点を読んだこともあったが、学校の理科の授業でも実際にやってみたことはなかったようで、みんな緊張して役目に当たっている。

「溶けた。ヒルを入れてもいい？」

四年生が作業完了を報告した。

「ちょっと待て、全員がビーカーの周りに集まってからだ」

研究員たちは、興味津々で机の周りに集まった。ヒルを入れる役を任されたハッちゃんが、まず中くらいの大きさのヒルを一匹入れる。ヒルは、体をくねらせ五秒くらいで底に沈んでいった。

「えっ。死んだよ」

「アウトだね」

「濃すぎるんだ。もっと薄くしないと」

「あてずっぽうは手間がかかるから、五パーセントでやってみよう」

「五パーセントなら、生きてるんじゃない。もうちょっと濃くてもいいのじゃない」

「五パーセントで死ぬと思う人」

挙手を求めたハッちゃん。みんなの予想は、半々くらいだ。

「もし、生きていたら濃くすればいいので、五パーセントでやってみよう」

ケイトが、電卓片手に計算し始めた。

「一〇〇ミリリットルに五・三グラムだ。さっきの担当でやってみよう」

二度目ともなると、さすがに手早い。みんなが見守る中、ハッちゃんがヒルをビーカーに投入した。

ヒルは、体をくねらせ、沈んでいく。一〇秒ほどで底に沈んで動かなくなった。

「死んだ。まだ、濃いのだ。今度は、その半分で二・五パーセントにしよう」

ケイトが、「計算はできるが、実際秤でその分量を測るのはとても大変だから、二パーセントにしよう」と提案して了解された。さっそく計算し、今度は食塩二・一グラムということになった。薄い食塩水なので、簡単に溶けた。

「さあて、みなさん。今度はどうなるでしょう。ようく、ご覧ください。では行きますよ、ハイ」

ハッちゃんのひょうきんさが、疲れてきていたみんなを奮い立たせる。ビーカーの中央に、ヒルはうまく投入された。

「あれ、飛び出してきた」

　ハッちゃんがビーカーの中に戻す。でも、ヒルはビーカーの壁をつたって、すぐ出てきた。

「生きてる」

「二パーセントでは死なないのだ」

「すごいことがわかった」

「ははは。飛び出してきたね、びっくりしたんだろう」

「じゃあ今度は、三パーセントを試そうか」

　再び、三パーセントの食塩水を作って試す。計算すると、食塩は三・一グラム。すぐ用意ができ、ハッちゃんの音頭でヒルが投入された。ヒルはくねくねしながら、底のほうに沈んでいく。

「二パーセントと三パーセントの間だね」

「これで、ホシを追い詰めたぞ」

　すでに相当な時間が経っている。子どもたちの

食塩水の濃さによるヒルの生存実験。手前は2.0%で、元気に出てきている。

集中力が切れてきたので、小学生は外で遊ぶことになった。中学生はもう少し粘りたいと、居残りだ。残った中学生は、二・五パーセントの濃度の食塩水を作り、同じことをした。

ヒルは、何とかビーカーのふちにたどり着いて上ろうとするが、力が出ない様子。落ちていっては上ろうとする、を繰り返すうちにだんだん弱っていった。一〇分ほどで、力尽きたようだった。ここが限界のようだと二人は納得し、遊びから帰った小学生に、再度、ヒルを投入して見せていた。

この実験ではっきりしたのは、ヒルは、食塩を直接かけられればすぐに死ぬが、食塩水の場合は塩分濃度二・五パーセントが限界で、それより濃いと死に、薄いと生きているということだ。海水の塩分濃度は平均三・五パーセントと言われているので、海に投げ入れれば、死んでしまうことになる。

山に行く人が、食塩水をタオルに染み込ませて足首に巻いていくという話をよく聞くが、一定の効果はあると思う。食塩で肌が荒れそうではあるが。

山に登る人なら、ヒルをやっつけたいと思う人はたくさんいるだろう。特に山仕事の人には、その気持ちが強いはずだ。ヒル研の知り合いにも、同じ思いを抱き、ヒルを一網打尽にしようと試みた人がいる。小泉紀彰さん。東大で山中先生の門下生だった頃に書いた論文の中に、その様子がまとめられている。その内容を、悠太郎くんに解説してもらおう。

ヒルヤスミ

ヒルを一網打尽にするには——悠太郎

論文には、難しい数式もいっぱい出てくるのですが、それは飛ばして、つまみ食いのようになりますが、僕たちがわかることをお伝えします。

まず小泉さんは、ヒルが動物の呼気に反応して集まってくるという仮説の検証からされたようです。防護服のようなものを着て口にビニルホースをくわえ、部屋の中にヒルをばらまきます。ビニルホースを経由して出された呼気、すなわち二酸化炭素に、ヒルがどの程度の距離で気づくのかを実験しています。

論文には、二・五メートル以内にいたヒルは、小泉さんの呼吸を察知してホースの先に集まってきたと書かれています。僕たちは、このデータをそのまま使わせてもらっています。二〜三メートルの範囲内にいるヒルは、動物の存在に気づき、近寄ってくるということです。

次に小泉さんは、ヒルが集まるようなトラップを作り、地面に仕掛けておけば、一夜にしてたくさんのヒルを捕まえることができるのではないかと考えました。オオスズメバチを捕まえるトラップを参考にし、ペットボトルをくり抜いていろいろと工夫されたようです。

スズメバチの場合は、はちみつや黒砂糖と酢を混ぜたものなどの誘引剤を瓶の底に入れておけばいいのですが、ヒルを誘引するものは二酸化炭素しかないため、二酸化炭素が連続して出続ける装置の開発にも苦労されたようです。でも、残念ながらヒルを大量におびき寄せることはできなかったそうです。と言うより、トラップにかかって捕れたヒルはなかったということです。

僕は以前、庭のナメクジを退治するのに、トラップを作ったことがあります。お父さんのビールの飲み残しを入れておいたら、大量にナメクジを捕ることができました。ヒルについても、そんな方法が見つかり山に仕掛ければ、一網打尽とまではいかなくても、かなりの効果があるでしょう。課題は、誘引剤になるものが見つかるかどうか、でしょうか。

ヒルの弱点とは

わたしたちがヒルを飼育するとき、最も気を遣うのは湿り気の保持である。

飼育ケースの傍にはいつも水の入ったスプレー容器を用意し、湿り気が足りないと思えば、すかさずスプレーするようにしている。これまで何度か、乾燥注意報が出ているような時期に、ヒルを全滅させてしまったことがあるからだ。

採集から帰ると、捕獲用のフィルムケースから飼育用のケースにヒルを移すのだが、ときどき研究員たちの目を盗んで脱走するヒルがいるらしく、何時間も経ってから「おい、こんなところをヒルが歩いているぞ」と、カーペットの上をヒョコヒョコ歩くヒルが見つかることがある。そんなときは、「今夜血だらけになるのは御免やで」と、捕まえてケースに戻す。しかしときには見つからず、翌朝こんな会話が繰り広げられることもある。

「あれっ、こんなところに血がついている」

「先生、シーツに血がついた」

「あっ、お前の足や。指の間を吸われてる」

「このやろう。どこに行きやがった」

部屋の隅に置かれたカバンの下で、うずくまっている太ったヒルを発見。

「こんなところにいた。おれの血を吸ったからには、しっかり卵でも産め」

そう言いながら、飼育瓶に戻したりすることも数回あった。

そうかと思うと、翌週のヒル研の際、掃除をしていると、畳やカーペットの上に乾燥した小さなヒルがいるのが見つかることがある。

「誰もやられた形跡はない。血を吸えなくて飢死したんかな」

「餓死じゃないだろう。ミイラ状態になっとる」

「今日、空の飼育瓶にヒルを入れて確かめてみよう」

ということで、さっそく実験が始まった。まずは犠牲になるヒルが選ばれる。大中小取り交ぜて選出された五匹は、試験管の中に入れられ、ガーゼで口をふさがれた。翌日見てみると、小さいヒルはもう動かなくなっている。大きいヒルも、リイズが縮んだように見える。

一週間後、試験管の中を見ると、全部ミイラになっていた。小さいのは、もう硬い。大きいのは、まだ中は柔らかい感じがする。いずれも、ご昇天あそばしていた。これで、ヒルは乾燥には弱いことが確認された。つまり、部屋の中で死んでいたヒルは、移し替えのとき脱走したものが、カーペットや畳の上で乾燥して死んだのである。

「飼育箱におとなしく入ってたら、こんなことにならなかったのに……」

優しい研究員たちは、そう言いながら掃除をしている。でも、脱走したヒルがすぐ死ぬわけではない。乾いたカーペットの上で二、三日後に生きて見つかったものもある。今回の実験と併せると、ヒルが乾燥状態で生きられるのは一週間以内との見当がつく。

念のため、再度試験管を使って丁寧に調べたところ、個体差があって一概には言えないものの、一週間以内というのは共通していた。つまり、ヒルは乾燥には弱い生き物であり、地面を乾燥させれば、ヒル被害は防げるということになる。事実、それを証明するような事例が近隣のキャンプ場で発生した。

キャンプ場を開こうと準備に来ていたオーナーや作業員が、広場でヒルにたくさんやられてしまった。これではお客様を迎えるのによくないということで、ジョニーさんのもとに相談があった。ジョニーさんが「草を刈ったら大丈夫ですよ」とアドバイスすると、すぐオーナーは草刈りを断行し、広場をきれいにした。すると次の日には、ヒル被害はなくなったというのだ。ヒル被害をなくすには、草を刈って乾燥させればいい。当たり前の話だが、それが実証されたエピソードである。

第3章

ヒルは木から落ちてくるのか？

世界初の実証実験へ

「ヒルは木から落ちてくることはない」

二〇一五年の夏、子どもたちはこの定説を研究テーマに選んだ。それは、夏の合宿中にわたしが放ったある素朴な疑問がきっかけだった。

「みんなに尋ねたいのだけど、ヒルは木から落ちてくるよね。落ちたヒルは、その後どうなるの」

「…………」

「木の上に戻っていくか、土の中にもぐっていく……かな」

悠太郎が、自信なさげに答えた。

「どちらかだろうね。土の中にもぐっていくのなら、木の上のヒルは、そのうちいなくなるのかな」

「少々は残っているかも……」

「でも、次の人が通ったら、もういなくなるのでは」

「だとすると、最初の人がたくさんヒルにやられて、あとのほうの人は、被害ゼロになるはずだよね」

「実際は、先頭より後ろのほうの人がよくやられるよ」よく山登りをする悠太郎が、すかさず答えた。

「下に落ちたヒルが足元に取りつくので、後ろのほうが被害が大きいのとちがう？」快仁が答えた。

「そうしたら、木の上にはヒルはいなくなるから、上から落ちようとすると、ヒルは木を上っていかないといけないよね」

「…………」

「見たことある？　ヒルが木登りしているところを」

「ない」

横で腕組みして聞いていた顧問のジョニーさんが、「おれも、今までヒルは木から落ちてくると信じていたし、周りの人にもそう話していた。でも、確かに木登りしているヒルは見たことがない。よし、それじゃあヒルの木登りを見つけたらビフテキをご馳走しよう。探せ！」と、けしかける。

「えっ、ビフテキ。よっしゃ」

善大が身を乗り出している。みんな、次から頑張って探すぞという気分になったようだ。ひとり浮かぬ顔をしている悠太郎を、ジョニーさんは見逃さなかった。

「おい、悠太郎。ビフテキやぞ、ビフテキは嫌いか」

悠太郎は「そんなことは起こらないので、どっちでもいい。まあ、一緒に探すけど……」と、冷ややかな返事。座が白けてしまったので、わたしは話題を引き戻した。

「地面にじっとしているほうが、ヒルにとっては安全だよな。なぜ、わざわざ木に上って動物や人を待つのかな」

「血を吸うため」

「わざわざ上に行かんくても、足元についたら、それでいいんじゃないの」

「ヒルの体育の時間や。高い木まであの小さな体でよじ登り、人を見つけて飛び降りる。失敗したら、またそれを繰り返す。しごきや。だから筋肉が発達してるんや」

央典が、得意のアニメ風に話をおもしろく作っていく。

「雨のように降ってくると言っていた人がいるけど、わっと落ちてきたら、木を見つけて競争で上るのか。おもしろい。見てみたいね」

「落ちてくる話をみんなはするけど、上っていく話は誰もしないよ。これも不思議だよね」

やり取りをじっと聞いていた悠太郎が、こんな提案をした。

「木に上って落ちてくるヒルを見つけたら、大発見だ。木から落ちてこないことを証明しても大発見だ。これは、実験するしかないのじゃない？」

「どうやってやるの」

「僕もまだわからない。今度までにみんなで考えてこようよ」

こうして話し合いは終了した。

「ヒルは木から落ちてくるのか実験」の始まりである。

それから数回の研究日を経て、大きなブルーシートを敷いて、そこにヒルが落ちてくるか調べようという有力案が出され、実験方法が決まった。

しかし、車が通るような場所ではだめだし、あまり人が通る場所でも通行のたびにシートが乱れるのでよくない。しかも、絶対ヒルがいるところでないと意味がない。この場所探しは、コーディネーターのわたしとボランティアの役目ということになった。さっそく、ヒルの被害が多い鈴鹿山脈の麓の人たちから情報を仕入れ、下見を繰り返した。その結果、ある林道が候補に上がってきた。

九月、その林道をみんなで見に行ってみると、まさに探していた条件にぴったりの場所だった。なにより、ヒルの多いこと多いこと。ちょっと立ち止まっていると、すぐ足に上がってくる。大きいのから、生まれたてと思われる小さなものまで、たくさん上ってくる。

みんな、ヒルを捕るのに大騒ぎになった。ただ、この年は研究日の都合で、ここで大実験を繰り返すには時間がなかったため、翌年、梅雨入り前から準備して実施することになった。

過酷な実証実験始まる

翌年の二〇一六年春、少しのメンバーチェンジがあり、新体制で研究がスタートした。中学二年生になった悠太郎は、この年もリーダーとして頑張ることになった。

宿泊研究日の朝、打ち合わせを済ませて、現地に向かう。

適度に湿った地面を、落ち葉が覆っている。上を見ると、ほとんど空が見えないくらい木々が茂っている。一〇メートルもあるような高木から二メートルくらいの低木まである。二チームに分かれて、道幅三メートル弱の林道にシートを敷くことになった。

道幅いっぱいにブルーシートを敷き、地面からのヤマビルの侵入を防ぐため、シートの周りにヤマビル忌避剤「ヒル下がりのジョニー」をたっぷりふりかけた。リーダーの指示のもと、着々と準備は進んだ。

シートの外側から、ヒルがたくさん出てくる。それを振り払いながら、準備が完了したシートの中央に、小学生組と中高生組が分かれて座った。

「ヒルは人の気配を感じて上から落ちてくる」という定説の実証実験である。

一〇時頃から始まったこの実験、シートから出ることもできず、何もすることがないので、小学生はトランプをし、中高生は将棋を指して時間をつぶした。

ときどき木の枝や木の実が落ちてくるだけである。記録するような出来事もほとんど起きない。ひたすら暇な時間が続く。

一一時半、お腹がすいてきたので、お弁当タイムとなった。もちろん、シートの中央から出ること

ヒルが木から落ちてくるかを3時間かけて調査した。

はできない。お母さんの作ってくれた弁当を食べながら、ヒルが落ちてくるのを待つだけだ。木のほうに向かって大きな声で歌を歌い、二酸化炭素をばらまいてみるが、何も反応はない。見かねたわたしは、実験は三時間とし、午後一時で打ち切ることにした。退屈していた子どもたちは喜んでいる。

結局シートの上に落ちたのは、ヒル〇匹。木の実三個、木の小枝二本、広葉樹の枯葉が一枚という結果だった。子どもたちが予想したとおり、ヒルは木から落ちてくることはないという結論が導き出されたのである。

帰りの車の中は、にぎやかだった。

夜は、顧問のジョニーさんが差し入れを持って、子どもたちの部屋にやって来てくれた。

「先生からのメールで知った。頑張ったそうだな。えらい」と、アイスの袋を差し出すジョニーさん。みんな大喜びで、さっそく袋を開けてアイスを頬張りながら、今日の実験の感想を報告していた。

翌朝起きると、雨が降っていた。天気予報によると一日雨、しかも時間あたり一ミリ程度の小雨とのこと。そこで急遽予定を変更し、前日と同じ場所に同じ実験をしに行くことにした。

昨日の経験で要領を心得ている子どもたちは、みんなで手分けして素早く準備にとりかかった。今日はレインコートを着ているので、とくに上着の裾に気をつけながら、ブルーシートの上に乗る。アイデアマンの悠太郎は、透明のビニル傘を逆さに持ち、ヒルを集めようという作戦らしく、シートの中央に陣取っている。みんなも、それぞれ昨日のように座った。

しかし、雨降りの今日は勝手が少し違う。シートの上に降った雨水が真ん中にたまって来るので、服が濡れるのだ。リュックについては濡れないよう、別のところに移動してやった。

ところが、お茶が欲しいだのお菓子がほしいだの、子どもたちがいろいろ要求するものだから、ボランティアは写真係が務まらないほど忙しくなってしまった。昼食も、シートの真ん中で立って食べる羽目になった。

いくら待っても、ヒルは一匹たりとも落ちてこない。シートの周辺の地面にはたくさんいるので、ボランティアやわたしの足には次々上がってくる。ヒルを剥がしては捨て、剥がしては捨て、を繰り返すばかりだ。

シートの上はというと、相変わらず、木の葉や小枝、木の実が落ちてくるだけである。その量は昨日よりかなり多く、レインコートのフードに当たる雨粒の音に、ヒルが落ちてきたかと錯覚してしまう。

二時間が経った頃、「先生、もう同じだからやめようよ」と、允義が言い出した。

「でも、データは同じ条件で比較しないといけないので、三時間は待ちましょう」

「でも、もう同じじゃん」

「違うよ。三時間待ったけれど落ちてこなかったという事実と、昨日と同じようなので、落ちてこないと思われる、という推測とでは、まったく違うよ」と、わたしはなだめた。

ときどき風が吹くと、雨粒がザーッと落ちてくる。首筋に雨粒が入るとヒヤッとする。小説「高野聖」にあった、ヒルが雨のように降りそそぐというのは、こんな感じなのだろうか。

今日のデータでも、ヒルは一匹も落ちてこないことが確認された。雨の日も、晴れの日も、ヒルは木から落ちてくることはなかった。二日間で六時間も、同じ場所に居座って、ヒルが木から落ちてくるのを待ったが、そんな場面はまったく見られなかった。

リーダーは、「これで十分だろうが、念のため場所を変えてもう一度やってみよう」と提案した。みんなは、あまり乗り気ではなかったが、念には念を入れようということで、次は、顧問のジョニーさんの研究フィールドにお邪魔することが決定した。

三週間後、ジョニーさんの研究フィールドに出掛けた。

登山客はよく通るが、車は入ってこない場所なので、安心して実験ができる。でも、先日の場所と違って片側が川になっていて、木は山側から覆いかぶさるように生えている。

前と同じように大きな木の下にブルーシートを敷き、地面からヒルが侵入しないようにヤマビル忌避剤をかけて待機した。シートの外側には、たくさんヒルがいる。風が吹くたびに、上から何かがパラパラと落ちてくる。調べてみると、木の実である。三時間の観察中、約二〇個の木の実が落ちてきた。そのほか、小枝もたくさん落ちてきたが、ヒルは一匹たりとも落ちてこない。ミノムシが、糸を引いて一匹下りてきたくらいだ。

そこで、この周りにいるヒルを捕り、木につけて上らせてみようということになった。

ヒルを傍の木の幹につけてみる。ヒルはなかなか木につかなかったが、何とか無理矢理つけると、首を振ったあと、シャクトリムシ運動をしながら下りていった。五匹試したが、どれも同じように下りていく。つまり、ヒルは木に上ることはない。それが今日の実験の結果であった。木の幹を濡らしたり、葉っぱにつけたり、いろいろやってみたが、全部下に降りていった。

夜のミーティングでは、落ちてこないことは実証できたが、今度は下から上がっていくことを証明しなくてはいけない、という流れになった。どこまでが冗談で、とこからが本気なのかよくわからない話し合いだが、これはいつものことだ。しばしば本論を脱線して、関係のない話で盛り上がることもある。今回も例外ではなかった。

奇想天外なアイデアが出た。

「一番いいのは、現地でレインコートを着て、ヒルが足首から中に入らないようにテープで密封し、首まで上がってくるのを観察することだと思う」

「誰がやるの」

「じゃんけんで決めよう」

「みんなが順に体験するのがいいと思う」

「あの山で着替えるのは難しいので、二人がレインコートを着て、モデルになるといい」

ヒルを木に登らせてみた。全部すぐ落ちていった。

「それよりみんながレインコートのズボンだけはいて、裾と長靴とをテープで密封して、上着は順に交代で着たらいいよ。それなら、みんな体験できるから」という案で、一件落着した。

次の研究日は、幸い小雨が降っていた。いつものヒル捕り場に出掛けて、下からヒルが上がってくるかどうか、実験することになった。

駐車場で、ヒルがカッパの内側に入り込まないように、厳重かつ慎重に長靴とズボンの間を固めた。「暑い」と、研究員から声が上がる。「まあ、一時間ばかりの辛抱だ」と互いに励まし合いながらヒル捕り場に向かう。

到着前から、悠太の足には、ヒルが一匹上がってきていた。小さいので写真に撮れないから、逃がしてやると言う。「なぜ殺さないの?」と聞くと、「こんなかわいいもの、簡単には殺せないよ」

と悠太。

ヒル捕り場に着くと、すぐに大きいのが上がってきた。カメラマン役のボランティアは撮影に忙しく、自分の足にヒルが上がってきても、かまってはいられない。

時計係が、悠太の足に上がり始めたヒルを計測することになった。カメラマンもそれを追っている。

一分も経たないうちに、腰まで上がってきた。小学四年生の腰の高さだから約六〇センチ。

その後、首のほうまで上がっていくと思っていたら、腰のあたりでズボンのゴムのすき間を覗き込み、しきりに中に入ろうとしている。他のヒルも、ゴムの部分から中に入ろうと、入り口を探し回っている。入れないので、ゴムの溝に体を入れて休んでいるヒルもあった。

足から上がるヒル。

足元から上がったヒルが、腰まで来た。

「これじゃあ、腰にもテープが必要だ」

とにかく暑いので、一時休憩。カッパのズボンと上着の間からヒルが入り込まないように、腰の周りにもテープを巻く。少し息苦しそうだが、仕方がない。テープを巻いたら、再びヒルのいるところに戻った。

すぐに大きなヒルが足から上がってきた。さっそくボランティアがその姿を追いかけ、撮影する。ヒルのスピードはなかなか速く、二分弱で首まで到達した。

すべてのヒルが上るわけではなかった。脇の下に入り込んで、そこでじっとしているものもあれば、途中でUターンするものもあった。首まで行くか行かないかは、ヒルに聞いてみないとわからない。首まで行くヒルがいたことは確かだ。首にヒルがいたのは一、二匹という山登りの人から聞いた話とも一致する。研究員はみんな納得したようだ。

車に戻り、カッパを脱いで汗を吹いていたとき、悠太が腰にヒルがついているのを発見した。

「おれ、やられてる。このやろう。あれだけテープでガードしたのに、どこから入ったのだろう」

「おれも、腹についてる」允義が叫んだ。

レインコートと長靴、しかもテープを使ってつなぎ服にしたのに、ヒルはどんどん上がってきていた。そのほうが、首まで来るのが早い。二分とかかっていない。

「向こうでちゃんと調べたのに、まだついていたのや」

帰りの車中では、ヒルがちゃんと下から上がって首まで行くことを皆で見届け、動画にも収めた。

これで証拠はできたのだ。

実験は、身体を張って

ヒル研で行う実験は、奇想天外である。

前回、カッパで身を固めてヒルのたくさんいる場所に行き、実際にヒルが上がってくるかどうかを調べた。今回は、それを室内で実験してみることになった。ヤマビルが本当に人間の身体を上って首まで行くのかを、この目で確かめるのである。

ある夏の暑い日の夜、夕食を済ませると、研究員たちは机を片づけて広い場所を作り、大きなブルーシートを広げた。研究員の一人が大きな透明のビニル袋の中に入り、ブルーシートの中央に座る。その周りにヒルをたくさん放して、みんなで観察するというクレージーな実験である。まるで一人の研究員を血祭りに上げるセットのようだ。

動画撮影用のカメラは二台用意した。自らの呼気の影響を最小限にするため、観察者は二メートル以上離れて座る。ビデオカメラと固定カメラの担当者を決めたら、実験開始だ。

「さあ、じゃんけんで、袋に入る子を決めよう」

四人の研究員が緊張の面持ちでじゃんけんをした。ボランティアは、撮影機材の調整に余念がない。勝ったのは、五年生の央典だった。彼が実験台第一号となった。どうせ順に実験台になるのだから、たいした意味はなさそうなものだが、この種の大実験の第一号ともなると、思いは格別なようだ。

一番になった央典は、ボランティアの助けを借りて大きなビニル袋に入り、首から上だけが出るようにして、荷造りテープで固定された。もう、身動きさえ自分一人ではできない。倒れようものなら、頭からヒルの餌食になってしまいそうだ。周囲の二酸化炭素を吹き飛ばすため、一分ほど扇風機をかけた。

「さあ、始めるぞ」

ボランティアの号令で、瓶に入れてあったヒルが、一斉にブルーシートの上に放たれた。ざっと五〇匹はいるだろう。被検者一人を残し、研究員たちはブルーシートの外に出て、ヒルの動きを観察する。

かれらは、ヒルが一斉に中央に座る央典を目指して移動すると予想していたが、実際にはそうはならなかった。ヒルは、どちらに行ったらいいのか迷っているようで、鎌首を上げて方向を探している。

「央典。静かにしていないで、何かしゃべって。二酸化炭素が出ないと、人に気づかないみたいだ」

「何をしゃべったらいいの」

「歌でも歌え」

「いやや、みんな笑うし」

「笑わないから歌え」

「それより暑い、とにかく暑い。服がベチャベチャや」

よく見ると、ビニル袋の中を、水滴がつたっている。

「がんばれ」

「がんばれよ」

「もう、出して。限界や」

悲鳴を上げる央典。

ビニルの袋に入った研究員の周りに大量のヒルを放し、上っていくかを調べる実験準備中。

「あと、一〇分、頑張って」

「ええっ。もう限界や、熱中症になる」

「そうやって叫ぶといいなあ。二酸化炭素がよく出て、ヒルが央典のほうに向かっているぞ」

袋の中が人だとわかったのか、数匹のヒルが、袋のほうに近づいていく。二匹が央典のお尻のあたりから体を上り始めた。時計係がストップウオッチを押した。そのうちの一匹がどんどん上り、肩のところまで来た。そして、首に向かって前進し始めた。

「ひゃあ、来た。来た。来た、とって、もう来る来る」

央典の手も足も、ビニル袋の中なので、自分でヒルを捕ることはできない。周りのみんなは、央典の気持ちなどまったく考えず、ヒルの動きを見守っている。

「一分一三秒経過」

「首につくところまでの動画がほしいよなあ」

悠太郎がいたずらっぽく言った。

「やめて、もう外して」

「そのヒルだけ、外してやって」

ボランティアが言った。まだ、他の個体が上ってきているので、もうしばらく実験を続行することになった。途中で動かなくなったり、脇の下などに入り込んで休んでいるヒルもいる。

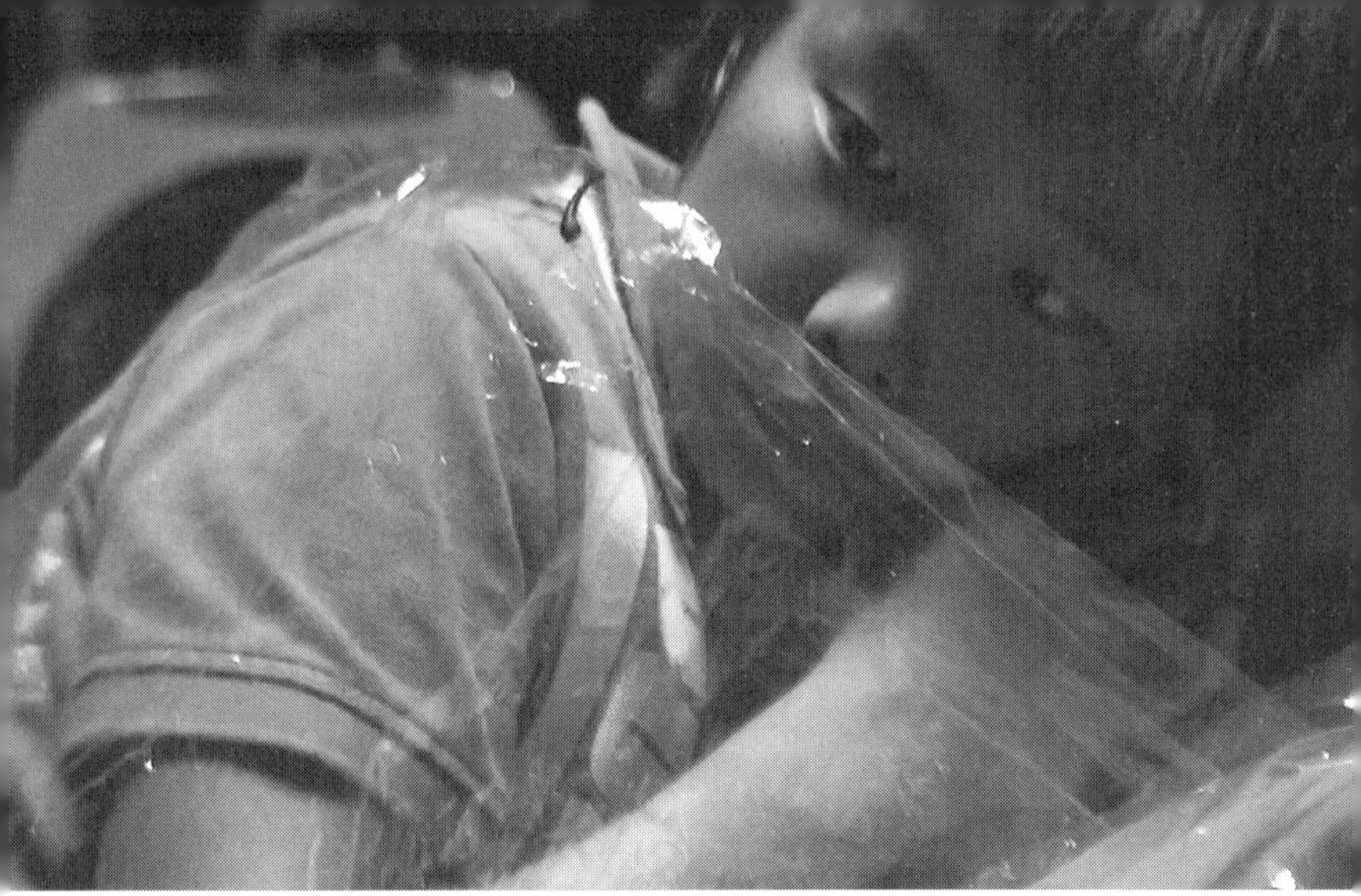

あっという間に首近くまで到達した。

「あ、こっち側に上っとる」

みんなが気を取られていた反対側で、首の横まで到達しているヒルがいるのを快仁が見つけた。央典は、まったく気づいていなかった。首筋についても本人は気づかないのだ。

ふとシートの上を見ると、おかしい。絶対数が足りない。もっとたくさん放したはずなのに。央典の体についていたのが五匹。周囲の観察者に向かってきて捕まった個体が一〇匹くらいはあったが、放したのは五〇匹だ。どこに隠れたのだろう。

実験が終了すると、みんなでシートの上に乗って、ヒルを探す。

「央典、お尻だ」

央典が体をよじったとき、お尻の下に何匹かいるのを、允義が見つけた。温かかったので、そこで止まってしまったのだろうか。皆で手分けして央典の周りについていたヒルを回収する。央典は、ビニル袋に入っていたので吸血されることはなかったが、さもなければ今頃は大惨事だったはずである。

ビニルの服をほどいてもらった央典は、汗でびしょ濡れになっていた。一五分ほど包んだだけで、こんなに汗が出るのかと、みんなは驚いた。残りのヒルは、なんとビニル袋の折りたたまれていたひだのところやお尻の下の部分に集まっていた。温かいので、居座ったのだろう。

この大実験は、研究員全員が体験することになっていたので、その後も三人が順番に袋に入った。実験は次第に上手くなったが、緊張感はなくなってきた。

ヒルのほうも弱ってきて、最後の研究員のときには、瓶から出してもあまり活発に動かなくなってしまっていた。乾燥してきたからだろうと、研究員たちは水をスプレーしてみたが、すでにお疲れモードのようだった。そりゃあ、ヒルだって疲れるだろう。何も食べさせてもらえず、ただ実験材料になっているのだから……。

さて、実験結果としては、首まで上ってくるヒルがあることがわかった。しかも、一分少々で腰から首まで達することができることも。しかし、全部のヒルが首まで来るのではない。首まで達するものもある、ということである。上を目指すのは一部で、腰のあたりで中に入ろうとすき間を探すヒルも多くいた。山で、首にヒルがついているのに気づいた人の証言でも、せいぜい一匹か二匹である。自然界での被害状況とよく合致する。大実験の結論は、ヒルは足元から上り、早いものでは数分で首まで達するものがある、ということでまとまった。

なんとも楽しい一日だった。夏の恒例にしたいような、やらないうちには夏が過ぎていかないような気さえする、思い出深い実験である。

ヒルは木から落ちてこない

「ヤマビルは、木から落ちてきません。僕たちが、それを証明しました」

子ども研究員たちが声を張り上げて、来場者にチラシを配っている。これは、名古屋市内で毎年開催される夏山フェスタの、展示ブース前での一コマ。二日間の来場者は約五〇〇〇人。大きなイベントである。

「これ、君たち間違ってない？　ヒルは木から落ちてくるよ」

チラシを受け取った何人かが、「ヒルは木から落ちてこない」の記述を指さしながら、話しかけてきた。研究員たちは、「いいえ、落ちてきません。僕たちが調べた結果、落ちてくることはないと証明できたんです」「世の中では、木から落ちてくると信じられていますが、それは間違いです」と、はっきり答えている。

その声を聞いて、数人の大人たちが集まってきて、輪ができた。

「このパソコンの画面を見てください」

悠太郎が、パソコンの画面を見せながら実験の説明を始めた。

「僕たちは、ヒルが本当に落ちてくるのかをこの目で確かめようと、ヒルがたくさんいる場所に大きなブルーシートを敷きました。周囲にヒルが侵入してこないようにヤマビル忌避剤を塗布し、シートの中央に自ら座ってヒルが落ちてくるのを待ちました」

通りすがりの来場者も興味深そうにのぞき込んできて、だんだん輪が大きくなっていく。

悠太郎はさらに「僕たちは三時間、この木の下でヒルが落ちてこないか待ちました。暇なのでトランプをしたり将棋をしたりして待ちましたが、

夏山フェスティバルで登山者にヒルの話をする。

一匹たりとも落ちてきませんでした」と、声を張り上げた。

そうなの、と感心する人や、この実験よく思いついたね、と話しかけてくれる人もある。

「落ちてきたのは木の枝や木の実、雨の日はしずくなどだけです」

「雨の日も確かめたの？」

「ハイ、雨の日も晴れの日も、別の場所でも確かめて、この結論を出しました」

「すごいね。よく頑張ったね」

「この、傘を逆に持ってヒルを受け止めようとしているのが僕です。よほどおもしろく見えたのか、この写真はネットにも流れています」と、悠太郎が言うと笑いが起こり、見たことがあるという人もいた。

「その場所、ヒルが元々いない場所だったんじゃないの」と、質問が入った。

「いいえ、普段僕たちがヒル捕り場にしているところなので、いくらでもいます。同じ日に、カッパを着て足首からヒルが侵入しないように荷造りテープで保護して、付近を歩いてみました。この写真です。すると、ちょっと見にくいですが、ここにヒルが上がってきています。この後ろ側にもいます。一、二分で腰のあたりまで上ってきました。そして、このゴムのところから、中に侵入しようとしているのがわかります。このように、ヒルは下から上がってきます」

「ひえー。こんなの、いやあ、気持ち悪い。君たち大丈夫なの」と、心配してくれる人や、「よくわかった。ヒルは落ちてこないね。君たちの言うことを信じよう。ありがとう」という人もいれば、「そうは言うけれど、俺は落ちてくるのを見たんだけどなあ。サンプル数をもっと増やしていくと、変わるかも……」と、半信半疑の人もいる。

多くは悠太郎の話を聞いて納得してくれたようだったが、そう簡単には、ハイわかりましたとならないのが世の常だ。仲間と「でもヒルって落ちてくるよね」と話しながら、その場を離れていく人も何人かあった。長い間信じられてきたことを、わずか数分で変えることはできない。

しかしわたしはその様子に、確かな手応えを感じていた。ヒルは落ちてこないという、従来とは真逆の説を不特定多数の人に語りかけた子どもたちは、無視されることはなかった。どの来場者もそれなりに絡んでくださったことに、感動すら覚えたのだ。

このイベントの来場者は、ヒルの話を聞きに来たのではなく、あくまで山の情報を集めに来られた方である。山歩きのプロとして、ほとんどの方がヒル被害を経験しているはずだ。今年の山頂では、「ヒルは木から落ちてくるのか」がホットな話題になるだろうな、と想像するだけで、楽しくなってくる。これも子どもたちのおかげだ。

午後は、小学五年生の央典が、説明役に立った。

「へえっ、落ちてこないの。君たちが調べたの？　小学生だろう。頑張ってるね」

「そうだよね。わたしもそう思っていたが、君たちが証明してくれたのか。ありがとう」

そう応援してくれる方も中にはあったが、多くの人はやはり、間違っていると指摘してくるのだった。

そのやり取りを少し紹介しよう。

「おじさんね、ヒルが落ちてくるのをこの目で見たんだ」

「僕たちは、山にヒルを捕りに行くたびに調べていますが、そのような場面に出会ったことはありません」

「君たちは、ヒルのいないところに行っているからだ」

「いや、足元にはたくさんいます。もし落ちてくるなら、ヒルは木の上に上っていかなくてはいけないことになりますが、ヒルが木を上っているのを見たことがありますか」

「ないけれど、わたしの首についていることがある。あれはどこから来たのだ。上から落ちてきたとしか考えられないよ」

「いえ、下から上がるんです。この動画を見てください。下から上がるのがわかります」と言って、実験の様子をパソコンで見せている。

「この大きなビニル袋の中に入っているのが僕です。この周囲にヒルをたくさん放し、僕に上ってくるかを観察します」

「こんなことまでするの」

「はい、しばらくして僕がいるのに気づくと、上がってきます。ほら、ここにも、ここにも、いるでしょう。二分くらいで、肩のあたりまで上ってきたのがいますね。下から上がってくるのです。

半分以上の人は、このあたりまでのやり取りで、子どもたちの正しさを認め、かける言葉が励ましに変わっていく。最も難しかったのは、お年寄りだ。高齢者には「落ちてくる」という持論をなんとしても曲げようとしない人が多かった。子どもたちは事実を示して話しているのに、おじいさんたちは想像の世界でものを言っているのである。

「この実験は、下から上がるという前提でやっている。自然界とは違うよ」

央典は、中学生の悠太郎に援軍を頼んだ。

「こちらの画面を見てください。森の木の下でヒルが落ちてくるかどうかを調べる実験です。ブルーシートを敷き、その上で長時間待ちました。でも、落ちてきたのは、木の実や小枝やしずくだけです。ヒルは落ちてきません。そこで央典は、このような方法で下から上がってくることを証明しようと考えたのです」

とうとう、このおじいさんを黙らせてしまった。でも彼は、簡単には引き下がる人ではなかった。

「君たち、ちゃんと本を読んでいるか。どの本を読んでも、落ちてくると書いてある。昔からそう言われている。ヒルは木の上で増えて、落ちてくるのだよ」

「それがおかしいと思ったから、調べているのです。その本に書いてあることが間違っていることを、実験で証明しているのです」と、食い下がる悠太郎。するとおじさんは、「いいか、学問というのは、先人の知恵をきちんと勉強して、学んでいくことが大事なんだ。先人が落ちてくると言っているのだから、まず、それを勉強してから言うことだな」などと、説教を始めた。わたしが割って入ると、今度は「指導者はちゃんと正しいことを指導しなければだめだ」と、お叱りを受けることに。今日一番の、難しいお客様だった。

「あんな人もいるよなあ。みんなよく頑張った」

子ども研究員たちを労いながら、この壁の厚さをどうしたものかと、帰りの車中でわたしは考えこんでしまった。

重苦しい空気が車内に流れたが、途方に暮れるわたしに対し、子どもたちはリベンジに燃えていた。もう実験結果は出尽くしているのだから、次はいかに説得するかを考えたほうがいい。そのために、ヒルの生態が一般にはどのように紹介されているのかを、もっと調べようということになった。

山岳関係の図書を読んでも、ネットの情報を見ても、ヒルは上から落ちてくることもあるので、帽子をかぶり、首にタオルを巻き、忌避剤をかけて十分注意せよと書いてあるのだが、その情報の出典はどこにも記載されていない。すでに流布している情報を鵜呑みにして書かれた文章が流布したせいで、俗説となってしまったのだろう。

ヒルは落ちてこないと実験データを示して主張しているのは、子ども研究員たちだけである。実験データを見て納得してくれるのは、いわゆる理系脳の人だけで、その他の人は感覚的に理解できないと、納得してくれない。そこをどのようにクリアするのか。

「高野聖」にヒントが？

六月のある日、わたしは研究員たちに新しい情報を提示した。泉鏡花の短編小説「高野聖」に、ヤマビルがポタポタと木から落ちてくるという描写を見つけたのだ。

この話に一番興味を示したのが、小五の央典だった。文語調のこの小説は、小学生にはハードルが高い。でも、彼は「読む」と言って、合宿中読みふけっていた。そして、ヒルについての描写がある箇所を見つけてきた。八話と九話にそのクライマックスはあった。

難しい言葉をわかりやすい口語調に直しながら、みんなの前で読んでやる。

ヒルの生態がリアルに描かれているのは、第八話だ。

森の中越したろうと思う処で五六尺（約一・五～一・八メートル）天窓《あたま》の上らしかった樹の枝から、ぽたりと笠の上へ落ち留まったものがある。

鉛の錘かと思う心持、何か木の実ででもあるかしらんと、二三度振ってみたが、附着《くっつ》いていてそのま

まには取れないから、何心なく手をやって掴むと、滑らかに冷《ひや》りと来た。

見ると海鼠《なまこ》を裂いたような目も口もない者じゃが、動物には違いない。不気味で投出そうとするとずるずると辷《すべ》って指の尖《さき》へ吸ついてぶらりと下った、その放れた指の尖から真赤な美しい血が垂々《たらたら》と出たから、吃驚《びっくり》して目の下へ指をつけてじっと見ると、今折曲げた肱《ひじ》の処へつるりと垂懸《たれかか》っているのは同形《おなじかたち》をした、幅が五分（約一・七センチ）、丈が三寸（約一〇センチ）ばかりの山海鼠《やまなまこ》。

呆気にとられて見る見るうちに、下の方から縮みながら、ぶくぶくと太って行くのは生血《いきち》をしたたかに吸込むせいで、濁った黒い滑らかな肌に茶褐色の縞をもった、疣《いぼ》胡瓜のような血を取る動物、こいつは蛭じゃよ

落ちてきたヒルに出会う場面の描写が、実に生々しい。

「それにしても、でかいね。こんなに大きいの?」

「怖っ」と、研究員たち。

さらに先に進むと、「思わず飛上って総身を震いながらこの大枝の下を一散にかけぬけて、走りながらまず心覚えの奴だけは夢中でもぎ取った」と、ある。つまり、笠の上のヒルだけでなく、もう何匹も取りつかれているということのようだ。見えている限りのヒルを夢中で取り払ったということだ。

何にしても恐しい今の枝には蛭が生《な》っているのであろうとあまりの事に思って振返ると、見返った樹の何の枝か知らずやっぱり幾ツということもない蛭の皮じゃ。（中略）右も、左も、前の枝も、何の事はないまるで充満《いっぱい》

ここまでのところで、ヒルは樹の上で生まれて落ちてくると、泉鏡花は断定している。それは、その皮が樹の枝に残っているから。周りの樹はどれもヒルだらけということになっている。この「皮」とは、何を見て描写しているのかちょっとわからないが、形状から想像するに、ミノムシではないかと思う。「蛭の皮」と表現しているのは、ミノムシの蓑だろう。

私は思わず恐怖の声を立てて叫んだ。すると何と？　この時は目に見えて、上からぽたりぽたりと真黒な痩せた筋の入った雨が体へ降かかって来たではないか。

草鞋を穿《は》いた足の甲へも落ちた上へまた累《かさな》り、並んだ傍へまた附着《くっつ》いて爪先も分らなくなった（中略）思いなしか、一ツ一ツ伸縮《のびちぢみ》するようなのを見るから気が遠くなって、その時不思議な考えが起きた

大きな声を出したら、上からぽたりぽたりと落ちてきたと書かれている。これは、よくあることだ。見たことのある人は多いだろう。梅雨の頃、山の中ではミノムシの仲間やマイマイガの幼虫が、このように枝から糸を引いてぶら下がってくる。震動や天敵の襲撃を感じると、とっさに上から落ちてくるのだ。大きな声を上げたので、びっくりして幼虫が落ちてきたのだろう。「高野聖」では、ヤマビルが落ちてくる様子をこのように表現していたのである。

第九話になると、さらにおどろおどろしくなってくる。

およそ人間が滅びるのは、（中略）飛騨国の樹林《きばやし》が蛭になるのが最初で、しまいには皆《みんな》血と泥の中に筋の黒い虫が泳ぐ、それが代《だい》がわりの世界であろうと、ぼんやり。

なるほどこの森も入口では何の事もなかったのに、中に来るとこの通り、もっと奥深く進んだら早《は》や残らず立樹《たちき》の根の方から朽ちて山蛭になっていよう（後略）

どの道死ぬるものなら一足でも前へ進んで、世間の者が夢にも知らぬ血と泥の大沼の片端《かたはし》でも見ておこうと、そう覚悟がきまっては気味の悪いも何もあったものじゃない、体中数珠生《じゅずなり》になったのを手当次《てあたり》第に掻《か》い除《の》けむしり棄て、抜き取りなどして、手《て》を挙げ足を踏んで、まるで躍り狂う形で歩《ある》行き出した

そこを通った動物は、ヒルに生き血を吸い取られ、命が絶えていく。吸い取られた血は、泥と混じって沼になり、やがて地球を埋め尽くす、というのである。普通の人は、ここに入ればヒルにやられておしまいなのだが、修行僧の主人公は、自分の目で確かめてやろうと危険地帯に入り込んでいき、身体中ヒルにとりつかれて大変なことになったという。ヒルは、かくも恐ろしい生き物とされているのだ。

「なんか、ジブリ映画の『もののけ姫』に似てるなあ」

誰かがぽつりと言った。

一五話には、ヒルが木から落ちてくる様子が描かれている。ヒルに血を吸われまくったお坊さんの体を洗いながら、女将さんがこう語りかける。

旅をする人が、飛騨の山では蛭が降るというのはあすこでござんす。貴僧《あなた》は抜道をご存じないから正面《まとも》に蛭の巣をお通りなさいましたので"ございますよ。お生命《いのち》も冥加《みょうが》なくらい、馬でも牛でも吸い殺すのでございますもの

「高野聖」は、主人公の高野山のお坊さんが長野の善光寺まで修行の旅に行く話で、敦賀から飛騨の山地を通り抜け、松本から信濃（長野）までの道中を描いている。この作品が発表された明治時代中期の岐阜県から長野県では、ヒルについてこのような言説が語り継がれていたのだと思われる。

わたしの話を聞き終わると、研究員たちは口々に感想を話し始めた。

「これは、脅しの文としては最高だ。めっちゃリアルに書いてある」

「恐怖心を煽って不安にさせ、旧道を通らないようにと伝えているのかな」

「出発前にこんな話を聞かされたら、誰もこの山に入らないよな」

「でも、この坊さん、通ったんだよね。勇気あるなあ」

「他の人は通っていないのだから、この山道に人を近づけないのが目的なら、この話はありだね」

「そうだ。この先お化けが出るぞ、というのと同じじゃや」

「それにしても、ヒルが獲物を食い尽くすとか、血が集まって沼になっているとか、あまりにもえぐいね」

夏合宿の夜の怪談話には最適だった。

「ヒルの皮がいっぱいついているって書いてあったけど、あれは何のことだろうね」

「ミノムシがぶら下がってきたのだろう」

「蓑が、ヒルの抜け殻に見えたのかな」

「ヒルは樹で生まれたと書いてあるよね。動物を見つけるとめがけて落ちてくるのかな」

「樹の上で生まれるわけないじゃん。植物から動物が生まれるなんて絶対ないよ」

「あっはっは。キャベツ畑から赤ちゃんが生まれてくるヨーロッパの話と一緒や」

「朝が来たら、キャベツ畑が赤ちゃんだらけ……って、そんな馬鹿なことがあるか」

「夏山フェスタで、ヒルは落ちてくると主張し続けていた人の話は、これと同じだったよ」

「そうか、だから、これを根拠にもっと勉強しろ、と、あのおじいさんは言っていたのかもしれない」

そこにわたしが割り込んだ。

「ただね。気をつけてほしいのは、「高野聖」は、小説だということだ。科学の読み物ではないので、読者を楽しませようとしながら書いている。火の気のないところに煙は立たないから、その意味では、みんなが話していたようなことを基に書かれているのだろう。それを大げさに描いて楽しくしているのが小説だ。そのことを忘れないように」

「よし、それじゃ、来年この本に出てくるヒルの話を一つひとつ潰していけば、説得できるな」

「今年も、かなり写真を見せたら納得した人がいたけれど、それでも、これは一部の実験だとケチをつけてくるお客さんもいたから……腹が立つ」

「一番厄介なのは、君たちの実験ではそうなったかもしれないけれど、実際は木から落ちてくるのだよ、というへ理屈の人だよ」

「じゃあ、落ちてくるのを見たことがありますか、と言うと、あると言うんだから、始末が悪い」

研究員は、ああだこうだと言いながら策を練り、最終的に、問答集のようなものを作ろうということになった。

「『もしヒルが木から落ちてくるとしたら、落ちたヒルはどうなるのですか。その後は一生、地面にいるのですか』と切り返しては、どうだろう」

「『だから、木の下にはヒルがいっぱいいて、動物を待っているのだよ』と言われるか、『また、木の上に上っていくのだ』と言われるかの、どちらかだろうね」

「じゃあ、『ヒルが木を上っていくのを見たことがありますか』と聞き返せば、それで終わるんじゃない？」

「『落ちてくるのなら、ヒルはいずれ木の上からいなくなりますね。そうしたら、もうその木からヒルは落ちてこないことになりますね』と返しては？」

いい矛盾点を突いている。

「でも『ヒルは、木の上で湧いているのだ』と言われたら、どうする？」

「そうか、ヒルの皮がいっぱいついていたと書いてあったよね。卵から生まれて脱皮したとでもいうのだろうか」

「『ヒルは動物です。その元はどこにあるのでしょうか』と聞けば、詰まるのじゃない」

「このとき、ヒルの卵を見せたらいい。このハチの巣構造の一つから一匹出てくるのです、と言えば、もう反論できないだろう」

「『鳥について上がっていくのだ』と言うかもしれない」

「だとしたら、そんなにたくさん雨のようには落ちてこないよ」

「鳥についたとして、鳥が木の枝にとまったとき、ヒルがすんなり枝に乗り移ると思うか？　僕らの手についても、振り払うのが大変なのに」

議論は、白熱した。子どもたちは、自分たちの実験結果の正当性を、どのように伝えたら信じてもらえるかの一点に集中していた。


ここでわたしは、少し視点を変え、生物の生態に着目してみてはどうかと提案した。

「ヒルは皮膚呼吸をする動物だけど、体の表面が乾燥すると皮膚呼吸ができなくなる。だから、いつも湿ったところにいるんだよね。木の上は風もよく通るし、地面より乾燥しやすいよ。そこでヒルが獲物を待つというのは、とっても大変じゃないの。命落とすよ」

「あっ、そうか。木の上だと、晴天が何日も続くと干からびてしまって、生きていけない」

「地面だと、落ち葉や腐葉土の中に潜り込めば、湿っているので生き延びられる」

「生物は、不自然なことや無駄なことはしないのだから、そこらを話題に出せはいいのじゃない」

「そうか、わざわざ木の上の乾燥しているところに上がっていく必然性はない。考えようによっては、自殺しに行くようなものだ」

みんなが首を縦に振って、納得したところで、次の話題に移った。

「ヒルが落ちてくるのを、この目で見たという人がいたよね」

「いたいた、『僕らは見たことがない』としか反論しようがないよ」

「何人もいたよ。とても自信ありそうに話すおじさんもいた」

「六月の小雨の日に、木の下を歩いていて、風か吹いたら一斉にヒルが落ちてきてびっくりしたという人がいたね」

「あれは、多分ミノムシの仲間だと思う。調べてみないとわからないが、葉を巻いているのもいるし」

「あの、糸でぶら下がってくるやつ？」

「そう。実際、木をたたいてやると、一斉にどっと下りてくるよ」

「あれか、あれはマイマイガの幼虫だ」

「十分間違えそうだね」

「これは、もう少し調べたほうがいいね。木から落ちてくる幼虫には、どんなものがあるかを」

「逆に、この幼虫が落ちてくるところを動画に撮って、これでしょうと見せるほうが早いね」

「首筋についていていたという人は、結構いたよね」

「手をやったら、丸々太ったヒルがいた、というよ。みんな」

「あれはおかしいよ。ポタっと音がしたとか、ヒヤッとしたので手をやったというが、ヒルが吸血して丸々太るまでには、三〇分以上かかるよ。もし、丸々したのが落ちてきたなら、木の上で吸血していたことになるよ」

「そうだ。丸々太ったと言っているのだから、三〇分以上前からそこで吸血していたはずだ。気づいてないだけで、ずっと前からそこにいたんだ」

「首にヒルがついていたという人がいたら、まずは、よく太っていましたか、と聞いたほうがいいよ」

「そして『三〇分以上前からついていたのですよ。ポタっと音がしたのは、木の実や雨粒が落ちてきたのです。カッパを頭からかぶっていると、雨粒の音は、ヒルが落ちてきたと錯覚するような音ですよ』と言おう」

反論のイメージが大体できて、次回の夏山フェスタが待ち遠しくなってきた。

夏山フェスタでプレゼンテーション力を磨く

とうとう、その日が来た。学校の授業の都合で中学生は参加できず、フェスタの参加は、新会員の小学生一名と継続会員の小学生二名となった。うまくできるか心配だったが、継続会員はかなり気合が入っている。昨年同様、チラシを配りながら、「僕たちはヤマビルの研究をしています。ヒルの新しい情報です。ヒルが木から落ちてくることはありません」と、慣れた調子で、チラシを配っていた。

「君たち、去年も来ていたね。頑張っているんだね」

「去年、いいことを教えてもらったので、ヤマビル忌避剤の使い方が上手になり、ヒルにやられなくてすんだよ。ありがとう」

いろいろ準備してきたものの、午前中は昨年と同じお客様が多く、実験のことや研究会のことなどについての質問が多かった。子ども研究員を覚えていた人も何人かいて、「頑張れよ」とジュースの差し入れをもらったりもした。子どもたちはうれしそうだ。ジュースを飲みながら、交代で説明に立つ。今日は、三名とも小学生なのだ。

午後になると来場者の顔ぶれが変わり、新しいお客様が増えてきたせいか、ヒルは木から落ちてこないという話への質問が出るようになった。顧問のジョニーさんやわたしに質問されるお客様には、「その話はあの赤いシャツの子が詳しいです」「この話を発表した子が、あそこにいます。聞いてやってください」と、子ども研究員を紹介する。そんなときは継続会員の出番だ。二人とも頑張って説明していた。

意外にも、前年のように強い意見を言う人は少なく、子どもたちにエールを送ってくれる方が多い。大人の来場者と子ども研究員がヒルをめぐって対等な会話をしている様子を眺めながら、研究者として認めてもらっているのを感じた。

おもしろかったのは、隣のブースの大人たちまでもが、チラシ配りや呼び込みを手伝ってくれたり、ヒル研のブースが混雑しているのを見ると、チラシの説明を代わってしてくれたりしたことだ。子どもたちの仲間は、確実に前年より増えていた。

終了時刻を告げる放送が聞こえ、後片付けをして車に乗り込んだ。

「去年とはずいぶん違ったね。僕らがしっかり研究してきたからかな」

「今年は、最初から堂々としていたからね。去年とは違って見えたのかも」

車内の雰囲気も明るく、会話の弾む中、帰途に就いた。

この夏山フェスタは、子ども研究員にとって、力をつけるとてもよい機会になっている。力量が問われる質問にもしっかり備え、大人の厳しい突っ込みにも耐えて頑張ったおかげで、プレゼン能力やコミュニケーション能力も身についてきた。これなら、毎年参加している三重生物研究発表会や藤原岳自然科学館の研究発表会でも、過剰に緊張することなく発表できるだろう。

俗説のハードルを超える

ときどき研究会のパソコンで遊んでいる中学生が、ウィキペディアでヤマビルを検索していた。

「おい、みんな来てみろ。ウィキペディアから、『ヒルは上から落ちてくる』という表現がなくなったぞ」

みんなが画面を覗き込む。

「ほらね。去年は『落ちてくることもあるので要注意』と書いてあったけれど、今年は消えている」

「ほんまや」

「ここが変われば、落ちてくると言う人も減るだろうね」

「先生がブログで僕たちのことを紹介してくれているから、変わっていったのだろうね」

「多分そうだ。僕の傘でヒルを集めている写真、ヤマビルの画像検索をすると出てくるよ。……ほら」

「はっはっは、これ、めっちゃおもろい」

「だから、みんなブログを見て、落ちてこないということを信じ始めたんだよ」

「僕らが、世の中の常識をひっくり返したんだ」

「誰かが僕らの主張を聞いて正しいと思ったから、ウィキペディアを書き直してくれたんだ」

「それにしても、いい気分だ」

ある日、顧問のジョニーさんのところに電話が入った。

「子どもヤマビル研究会のことは、ブログでとても興味深く拝見しています。会社のオンラインマガジンに活躍を載せたいので、原稿を書いてほしい」という。相手は何と、アウトドア系の人なら誰でも知っている出版社「山と溪谷社」の編集者である。全五回の連載コラムとして、ヤマケイオンラインで研究活動を紹介したいとのことであった。

ジョニーさんと相談し、引き受けることになった。子ども研究員に任せるのも難しいので、執筆はわたしたち大人が担当する。子どもたちの話を聞きながら原稿の構想を練り、みんなで一緒に写真を選ぶ。第一回には、研究発表会で三重県総合博物館長賞を受けた「ヒルは木から落ちてこない」の話を書くことに、全会一致で決まった。草稿はまず子どもたちに見せ、ＯＫをもらってから編集部に送信する。

僕らの活動はブログにも掲載しているので、世界中どこからでも読んでもらえるが、老舗出版社のサイトとは信用度がまるで違う。子どもたちもドキドキしながら、楽しみにしていたようだ。送信後も編集者とのやり取りがあり、ようやく公開されたのは二か月後のことだった。

公開されるや、あっという間に記事は読まれ始めた。閲覧数は、一週間で二万回弱というものすごい数だった。それに比例して、賛否両論、本当にいろいろなコメントが書き込まれた。

「すごい」「よく頑張っている」という応援から、「あなたたちは間違っている、ヒルは木から落ちてくるものだ」という例の異論まで、たくさんコメントが届いた。一昨年の夏山フェスタでの来場者の反応そのものだった。

これらの反応は、一般の人というより、山やアウトドアが好きな人、つまり一度や二度はヒルにやられたことのある、ヒルの実態を知る人からのものである。コメントは、夏山フェスタの来場者と比べ、具体性が高かった。あの山のあのあたりに行けば、ヒルは木から落ちてくる。わたしはそこで見た、という具合である。いちいち返事は書かなかったが、十分手応えを感じることができた。

編集者から、子どもたちはどうしていますかと、心配するメールが届いた。「子どもたちは大丈夫です。

先日の研究会で、みんな笑ってましたよ。『いまだにこんなに真実を知らず、知ったかぶりをする人がいるんや』と半ば呆れていました。どれも想定内の質問や意見ばかりなので、子どもたちは、またかという表情です」と返事をした。

その後、このコラムはテーマを変えて連載された。三回目頃から、子どもたちの研究を批判するようなコメントはほとんどなくなり、「いろいろ調べて教えてくれてありがとう」とか「これからはブログもチェックします、頑張って」といった応援メッセージに変わっていった。

世の中の俗説や間違った常識を変えるには、大変な力が必要なのだと、子どもたちは思い知らされたことだろう。同時に、かれらの中には大きな自信も生まれていた。世の中の間違いを、自分たちが訂正したという自信。ヤマビルが上から落ちてくることはないことを実証したのは、僕たちなんだ、と。

これで全国に知れ渡った

二〇二〇年七月二十四日、事件は起きた。テレビ朝日の番組「探偵ナイトスクープ」で「ヤマビルは木から落ちてくるのか」というテーマが取り上げられ、全国放送されたのである。

きっかけは、顧問のジョニーさんが居酒屋に飲みに行ったことだったらしい。そこで杯を交わした消防士さんと、ヒルは上から落ちるのか下から上がるのかで大論争になり、はっきりさせようと、消防士さんがナイトスクープに依頼をしたのだ。さっそく「探偵さん」がジョニーさんのヒル捕り場に調査に来て、落ちる／落ちないを賭けた勝負が行われることになった。

消防士さんとジョニーさんは、同じ服装で同時にヒルがウジャウジャいるヒル捕り場に立った。ジョニーさんは長靴に『ヒル下がりのジョニー』を振りかけて立ち、消防士さんは何もせずにそこに立つ。ジョニーさんの首にヒルがついたら上から落ちてきたことに、消防士さんの首につけば下から上がってきたということになるのだ。

ジョニーさんは大きな木の下に、消防士さんは少し離れたところに立った。

始まるとすぐに、消防士さんの足にヒルが上がり始めた。長靴の側面をシャクトリムシ運動をしながらどんどん上っていく。二匹、三匹と、その数は増えていく。ジョニーさんのほうには、ヒルは近づいていない。

司会進行をしていたタレントの田村けんじさんのズボンにもヒルがつき、上を目指して上がっているのが確認された。そのあと、ジョニーさんの靴にもヒルがついたが、忌避剤に触れて動かなくなっていた。しばらくして、田村けんじさんの首にヒルがついた。大騒ぎしてとってもらっている田村さんを見ながら、ヒル研の子どもたちは笑っていた。消防士さんにもヒルがつき、首のところまで達して吸血場所を探すヒルの映像が映し出された。子ども研究員は、「この映像よくわかる。うまく撮れたなあ」としきりに感心している。

　結局ジョニーさんには、ヒルは一匹も上ってこなかった。このことから、ジョニーさんの主張どおり、ヒルは下から上がってくることが証明され、全国的に周知された。

　番組を見た子どもたちは、「こんなにわかりやすくまとめられるなんて、さすがテレビ局だ」と感心していた。自分たちの研究成果がこのような形でまとまり、みんな満足したようだった。

　かつてはジョニーさんも、「ヒルは木から落ちてくるので、山に入るときは首筋にタオルを巻き、『ヒル下がりの』を振りかけてください」と言っていた。いつだったかテレビに出演した際にも、そのように言ったそうだ。しかし今回、子ども研究員たちの三年以上にわたる研究によって「ヒルは木から落ちてこない」ことが実証され、正しい情報を放送できたのだ。

　ヤマビル忌避剤を作る会社の社長が間違ったことを放送していたのでは、様にならない。

　放送後、ジョニーさんから子どもたちに電話が入った。

「どうやった？」

「わかりやすくて、良かったよ」

「ジョニーさん輝いていた」

「ありがとう。君たちのおかげで、昔の間違いが訂正できた。本当によかった」

「僕たちのおかげですよ。ビフテキをご馳走してくださいね」

「はっはっは、そうだなあ、考えておくね」

これで、この研究には一区切りがついた。

ヤマビルは、木から落ちてくることはない。すべて、足元が上がってくるのだ。

コラム	ヒルの吸盤の力

物差しに吸いついたヒルを引き離そうとして引っ張ったが、なかなか取れないことがあった。それではと、いろいろな重さの竹を割ったものにヒルを吸いつかせて、どこまで持ち上げられるかを調べた。

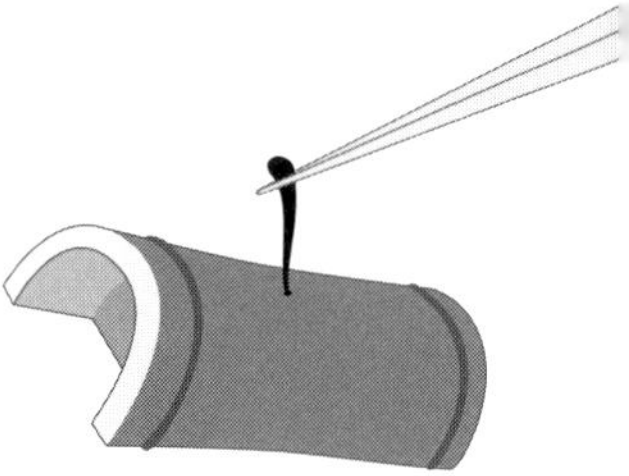

〈実験手法〉

① 竹を割る
② ヒルを竹にひっつける。
③ ヒルをピンセットでつまんで持ち上げる。
④ 竹の重さをはかる。

長さ3センチと4センチ、2匹のヒルを使った。体重は、いずれも0.3グラム。

〈結果〉

3センチのヒル

竹の重さ	結果
28.2 g	○
31.1 g	○
42.6 g	○
73.6 g	○
88.6 g	×

4センチのヒル

竹の重さ	結果
28.2 g	○
31.1 g	○
73.8 g	○
75.5 g	○

ヒルは自分の体重の250倍くらいまでは持ち上げられることがわかった。
ただ、ヒルによってばらつきが大きい。

第4章　いざ、解剖だ

おなかの中を見てみたい

「僕は大きくなったらお医者さんになりたいので、ヒル研で動物のことを詳しく勉強したいです」と、初対面の自己紹介で話したのは、央典だった。勉強が趣味で、放課後家で留守番中も、何もすることがないので勉強している、とまるで冗談のようなことを言う。一緒に来た友達も証言しているので、確かなことのようだ。どこかのママが聞けば、指をくわえて羨ましがるような実話である。

央典は、何でも知っているというタイプの物知りではなく、学校で習うことは一〇〇パーセント身につけているという子である。世の中のニュースにはとんと疎いけれど、昔話や伝記などはよく知っている。生き物のことも、図鑑などを見てよく知っている。でも、テレビのアニメなどは、あまり詳しくない。

ヒル研に入り、みんなと密なつき合いが始まると、彼はとたんに社会の荒波にもまれることになる。彼の中で、コペルニクス的転換がいくつも起きたことだろう。

六月中頃、ヤマビルがたくさん捕れ始めたので、みんなのお待ちかね「おなかの中がどうなっているのか見てみたい」というテーマの実験がスタートした。お金があれば高価な実験機材を手に入れられるのだが、ヒル研には予算がなく、研究室の実験器具と呼べるようなものは、ほとんどない。

今回の解剖実験で使用するのも、普通のカッターナイフである。ヒルを張りつける板は食品トレー、張りつけ用のピンは、事務室にあった虫ピンを使うことにした。身近にあるものを使って自然を解明していくのが、ヒル研のポリシーである。

解剖の仕方と注意事項を一通りレクチャーしたら、解剖の開始である。一分も経たないうちに、「先生、できた」と、ハルが見せに来た。それを見たわたしはグッと言葉を飲み込み、おもむろに言った。

「みんな、ハルの解剖を見てみよう。切り口を見ると、ヒルが環形動物だということがよくわかるよね。環形動物とは、体のどこを切っても輪っかになっている生き物の仲間なんだよね」

「先生、そんなのでもいいの」

「今は、おなかの中が見てみたいという君たちの希望に沿って解剖しているのだから、君たちが見たいところが見えるように切ればいい。ハルは、真ん中で切ったらどうなるかが見たかったんやな」

「俺は、縦に切る。口から肛門まで、どうなっているのか見たいもん」

「えっ、袋になってるのと違うの」

「風船みたいになってるんじゃないの？　血を吸ったら膨れてさ」

「なかなかピン刺さらへんわ」

「つるっと逃げていく。先生手伝って」

そう請われたが、わたしは非情に「頑張って……」と声をかけるだけ。

「けちっ」

央典は、この騒ぎを気にも留めていない様子で、黙々と解剖に集中している。さすがである。しばらくすると、「先生、心臓が見えてきた」と声がした。みんな、びっくりして央典のところに駆け寄る。

「ほら、ねっ。この赤いの心臓と違うかな。先生見てよ」

わたしも覗き込む。

「もっと全体が見えるように開かないと、よくわからないな。お尻のほうまで切ってごらんよ」

わたしがそう言うと、央典の解剖を見つめていた子たちは席に戻り、続きを始めた。

解剖開始から一時間が経った。みんな集中していて、時の経つのを忘れているようだ。

「央ちゃん、どうなった」

「まだ、お尻までいかない」

「何か他のものは見えた？」

「何やら、ぐちゃぐちゃしてるだけ」

「腸か何かかな」

「わからないけど、違うみたい。でも、さっきの赤いのは心臓だ。だってその他に心臓らしいものはないもの」

「心臓やったら、それを切り取ったら、死ぬのとちゃう」

「やってみるわ。わあっ、俺って残酷や」

「医者になるんやろ。それくらい堪えないと」

「いやあ、麻酔もないのに痛いのと違うかな」

「おまえって、優しいところあるんやな」

央典はついに、赤いものを切り取った。

「生きてるよ。動くもん」

「すぐには死なないのかも」

「心臓をとられたら、即死だろう」

「でもさあ、他に心臓らしきものは見当たらないよ」

二時間が経ったので、「今日はこのあたりで終わりにしよう。ありのまま感じたままを、まとめのノートに書くように」と声をかけた。初めての解剖にしては、みんな平然としている。さすがはヒル研会員だ。

央典はまだ心臓にこだわっていて、「じゃあどれが心臓なのか」と、しきりにみんなに問いかけていた。

とてつもない集中力を発揮して解剖する。

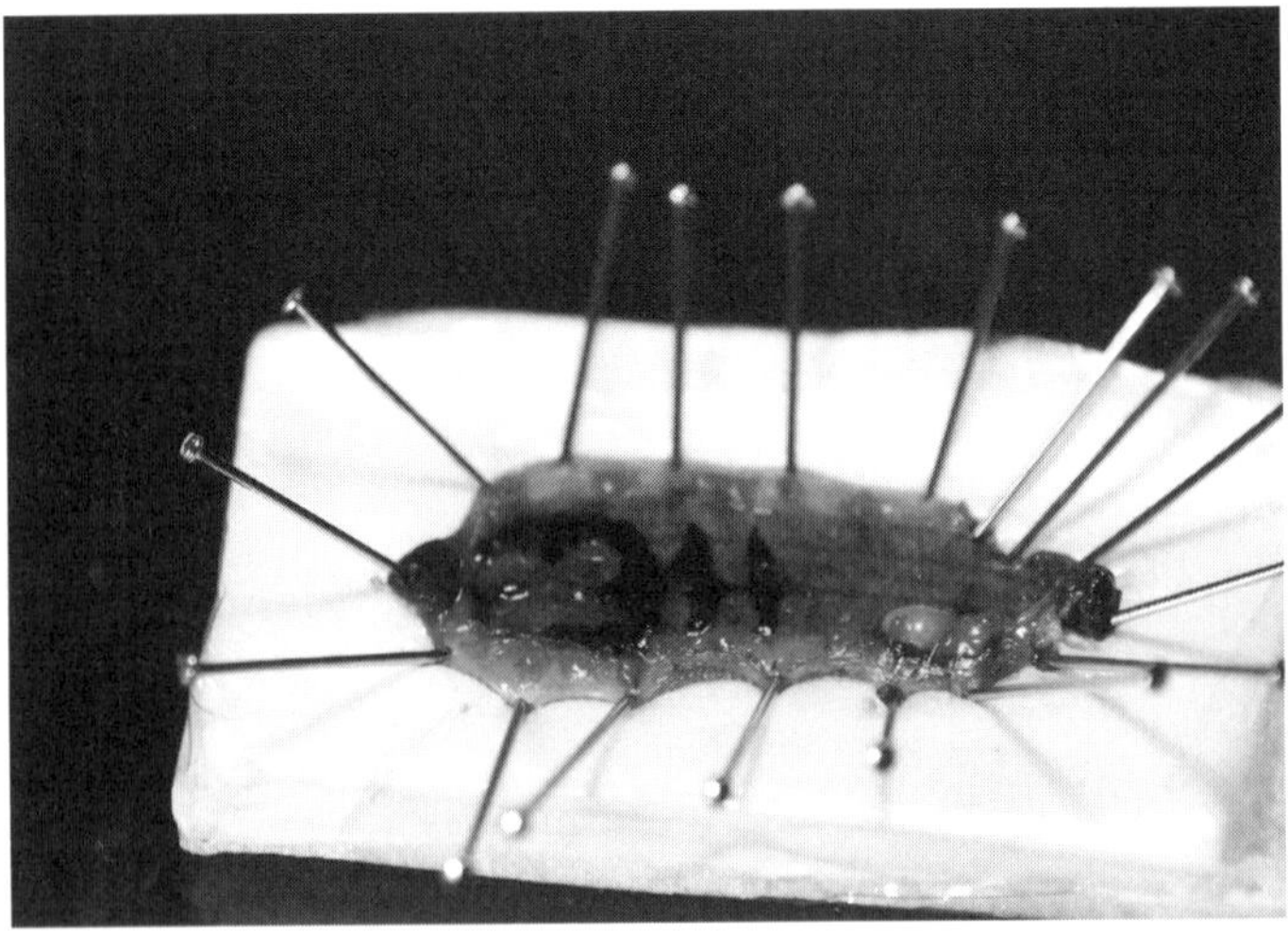

赤い球は心臓かと思いきや……。

央典の学校の担任は、わたしもよく知る川戸先生だ。大学では動物学を専門に勉強してきた方なので、学校に行ったら川戸先生に尋ねてみるといいと伝えた。

次のヒル研の日、央典は『動物解剖図説』という分厚い本を抱えてやってきた。川戸先生が「ポッサム先生に見てもらいなさい」と言って、貸してくださったという。さっそくヤマビルの項目を探したが、残念ながら載っていない。しばらくページをめくっていると、代わりにおもしろいものが見つかった。

「央ちゃん、ヤマビルではないけれど、その親せきのチスイビルの解剖図がある。これを参考にして、君が解剖図を作ればいいのだよ。そうしたら、博士だ」

「ええっ、無理無理」

わたしはチスイビルの解剖図をコピーし、みんなに配った。臓器の名前は英語で書いてあるし、日本語の部分も難解な漢字ばかりだが、央典は食い入るように見つめている。ふと、央典が頭を上げて言った。

「先生、これとちがう？　この前僕が見つけたのは」

「多分そうだね。膣って書いてある」

「膣。膣だ、僕は膣を見つけたんだ」

みんなは意味もわからず、「膣だ、膣だ」と騒いでいる。中学生の悠太郎が、恐る恐る切り出した。

「先生、膣ってヒルにもあるんやね」

「そう書いてあるね」

「膣やから、人間のと一緒の働きをするんでしょう」

「動物共通だろうね」

「とすると、ジョニーさんが言っている卵は、ここから出てくることになるね」

「そうなるよね。ヒルは、雌雄同体なので、どのヒルにも膣はあるはず」

「そうなると、ペニスもみんなが持っているはずだよね」

「解剖図に、描いてあるよ」

「えっ、本当？」

「これは小さすぎて見えないだろうが、確かに陰茎と書いてある。当然だけど睾丸もあるらしいよ。

ここの点々」

「わっ、ちっちゃ」

「しかも、たくさん持ってるらしい」

「玉がいっぱいあるということ？」

「そうなんだね」

「なんか変な感じ」

黙々とヒルを解剖する研究員たち。

「生殖器官がかなり発達しているようだね」

「体の中で、一番大きい器官が膣だ」

「命の次に生殖が大事なんだよ、きっと」

少し解剖しただけで、こんなに新しいことがいくつもわかるのだ。しばらく解剖を続けてみようか。何はともあれ、一つ解決した。

ヒルが共食い？

解剖実習をしていたある日、二時間が経過したところで休憩することにした。子ども研究員たちは手を消毒して隣の部屋のテーブルにつき、ジュースを待っていた。しかし解剖大好きの央典は、最後の最後までカッターナイフを放さない。

発泡スチロールの解剖台に虫ピンで張りつけられ、おなかを切り開かれたヒルがそこにある。

央典が解剖の手を止め、他の研究員が開いたヒルのおなかを見回していたとき、これから解剖される予定のヒルが一匹、そろりそろりと解剖台の上を移動しているのを見つけた。じっと見ていると、切り開かれたヒルの上に乗り始め、口をおなかの中に入れて吸いついたように見えた。

「ヒルが共食いしてる！」

央典は大きな声で叫んだが、みんなの反応は悪かった。ジュースのほうが大事だったのだろう。

「嘘や」と動いたのは、悠太郎だった。わたしも、カメラを持って飛んでいく。

「ほら、見て。これって、血吸ってる」

確かに、そのように見える。

「ちょっと引っ張ってみよう。ピンセット」

悠太郎が、二本のピンセットを器用に操り、上に乗っていたヒルを引き離そうとする。

上のヒルをピンセットでつまみ上げると、貼りつけられている下のヒルもくっついて上がってきた。

「確かに。吸いついている」

「共食いや」

誰かが叫んだ。悠太郎は、「いや、違う。共食いは、一つの命がなくなることだよ。これは、たま

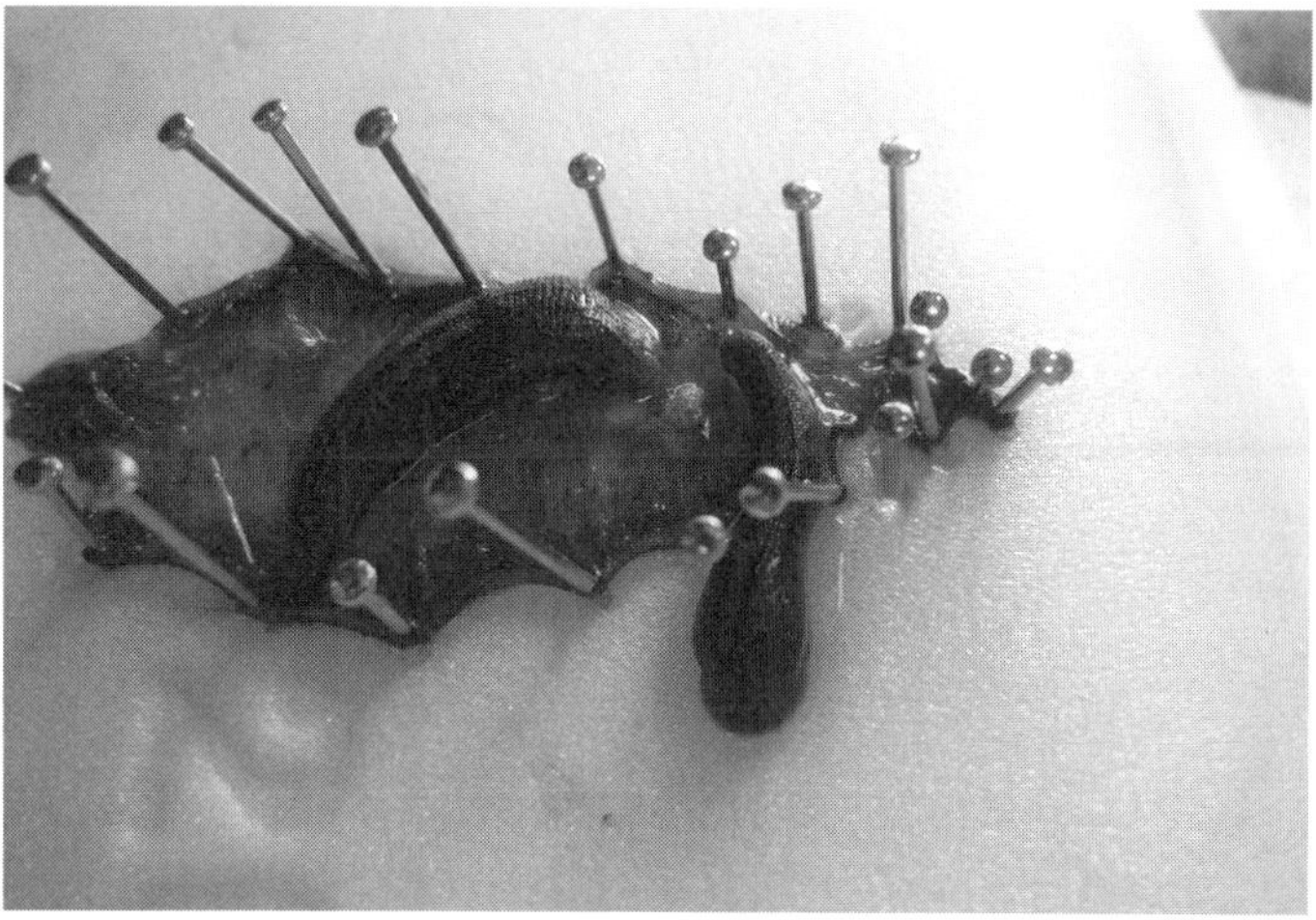

解剖中のヒルに吸いつくヒルたち。

たま通りかかったところにエサがあったので、吸いついただけだ」と、冷静だ。

そこで、ヒルをそのままにしておくことにした。ヒルは離れず、張りつけにされているヒルに吸いついたままだ。でも、吸っているヒルが大きく膨れてくるわけでもなく、吸血しているのかどうかはよくわからない。

ともかく、これは大発見だ。わたしは子ども研究員のお手柄をほめた。

「ヒルは生きている大型動物からしか吸血しないと言われているけれど、このヒルはそうではないことを教えてくれているんだ」

この事件をきっかけに、いろいろなものから吸血させてみようという研究が始まった。

カッターナイフの限界

　央典が見つけたヒルのお腹の中にあった赤いものは、心臓ではなく膣であった。

「解剖図のどこを探しても、心臓が描かれていない。心臓のない生き物なんてあるのかな」

　央典は、まだ心臓にこだわっていた。何としても心臓を見つけようとする央典の熱心さに他の研究員たちもひきこまれたようで、解剖図とにらめっこしながら、「これが膣だね」「今度は吸盤を切ってみよう」などと言いながら、解剖を繰り返している。その様子を見ていたわたしは、一つヒントをあげることにした。

「みんなテレビなんかで見ることもあるだろうが、手術するとき、普通は身体のどちら側を切るの」

「お腹側」

「そうだよな。お腹側を切るのだね。どうしてだろう」

「あっそうか、臓器はお腹側にあって背中側にはないよ」

　さすが、経験が豊富な悠太郎は、気づくのが早い。

「魚を想像するとわかりやすいかな。背中から切ると肉がたくさんあって、臓器まで届くにはかなり切らないといけない。今、みんなは、それをやっているんだね」

「ということは、ひっくり返して切らないといけないのか」

「そう、これからは、腹開きにしよう。今まで見えなかった臓器が見えるかもしれないから、丁寧に切っていこう」

それまでは背開きをしていたから、赤い豆粒のような膣しか見えず、ほかの臓器のことはわからなかった。それにしても、ヒルの膣は身体に対してでかい。臓器の中で今のところ、一番大きいようだ。それだけ身体の仕組みが繁殖力を上げるようになっているのかもしれない……そんなことを考えていたのは、ボランティアとわたしだけだっただろうが。

お迎えの時間になり、央典のお母さんが迎えに来た。

「央ちゃんは、家でも解剖の話をしていますか」と聞くと、「はい、それは楽しいらしくて、ヒル研から帰ると夜までしゃべり続けています」とのこと。

「膣、膣と連呼していると思いますが、お母さんはどうしておられますか」

「いやあ、聞こえないふりをしてぐっと我慢しています」

「皆で心配していたんですよ。お母さんが、顔を引きつらせてるのじゃないかなと」

「それに近いです」

「解剖用語として扱っていきますので、ご理解のほどお願いします」

次の研究日、央典はカタツムリの児童用図鑑とミミズの図鑑を持ってきた。中をパラパラめくると、カタツムリやミミズの交接、産卵の様子が図入りで描かれている。

午後のプログラムは、解剖実習である。今日は腹開きでやるので、ヒルを固定するまでが大変である。うまくいきそうになっても、ヒルはくるっとひっくり返って、お腹を下にしてしまう。固定するのに、多くの子はかなり苦戦している。悠太郎と央典はさすがに速く、張りつけを完了した。

「うあっ、これなんや。めっちゃよく見える」

「こんなに臓器があるのや。すごい」

「この腸みたいなものは、なんや。体中いっぱいあるぞ」

「何とか盲管、と書いてある」

「読めないなあ。先生これなんて読むの」

「どれどれ、嗉嚢盲管《そのうもうかん》」

「どんな働きをするの」

「人間にはないね。また、いろいろ調べていこう」

「先生。これ以上はカッターナイフでは切れない」

「先を折って新しい部分を出してみて」

「……少しはよく切れるようになったけど、無理無理、細かいところは切れない」

「安全カミソリを買ってきてあげよう。今日のところはこれで我慢して」

一週間後のヒル研では、安全カミソリを用意した。カッターナイフの刃より薄いので、よく切れるはずだ。央典と悠太郎が、試しに使ってみる。

「これ、全然切れへんや」

「この安全装置が邪魔している。これを壊さないと……」

悠太郎は、ピンセットを持ってきて安全カバーを壊し始めた。しかし、簡単には壊れない。

「安全装置がしっかりついているので、壊すのは無理」

「そうか、だめか」

「やっぱりメスを買ってほしい」

ネットでしばらく探すと、手術用のメスが見つかった。

「こんなものまでネットで買えるんだ」

「高いの？」

「いや、使い捨てのものなら予算で買えそうだ」

「使い捨てって？」

「これはプロ用だが、一つのメスを毎回消毒して次の手術に使うより、一度使ったものは捨てて、どんどん新しいのにするほうが感染リスクも少ないということで、使い捨てが売られているようだ」

「僕らは、その捨てたやつでもいいよね」

「感染症のリスクがあるので、捨てたのはもらえない。数本なら買えそうだから、さっそく注文するよ。次回の研究会には間に合うよ。今日のところは、カッターナイフでね」

解剖名人、メスを握る

「では、オペを始めます。よろしくお願いします」

央典が一度言ってみたかったセリフが、これである。みんなも彼に合わせて、おどけている。快仁が、後ろの吸盤にピンを刺した。

「痛いやろなぁ。かわいそうに。ちょっとの間の我慢だよ」

央典は、そう言いながら、ヒルが固定されるのを待つ。

「頭にもピンが刺されて、準備完了」

央典は、外科医気取りで右手を横に差し出し、「メス」と言った。すかさず、善大がメスを手渡す。「痛いぞ、ごめんね」と、言いながら第一刀を入れた。

もう何度もカッターナイフで解剖をしてきたので、手慣れたものだ。手術室ごっこを楽しんでいる。

「よく切れる。これはいい。先生ありがとう」

このメスは、わたしが手を尽くし、ようやくインターネットで見つけて購入したものである。その後、東京に手に入るところがあることがわかり、出張で東京に行ったジョニーさんに、たくさん買い込んできてもらった。

「どう、よく切れるか」

「よく切れる。スーッと引くだけで切れる。すごい」

内臓が見えるところまで切り進んだところで、「央典、『メス』というのをやりたかったのやろ」と、周りの研究員が冷やかした。

「うん。満足、満足」

医師志望の央典は、満足そうな顔でそう答えた。

彼はみんなが認める解剖名人で、本当に上手である。サンプルが少ないときの解剖は、たいてい央典が任される。彼は命に対して常に高い尊敬の念を持っていて、「かわいそうや」とか、「痛くないように切ってやるよ」と、ヒルに声をかけている。これはとても大切なことだ。ヒル研のみんなにも、その姿勢は伝わっているようだ。わたしが『俺の最後の脈をとるのは央典にお願いしよう』と言うと、みんな、ポカンとしていたが。

全員に一本ずつメスが渡され、解剖実習が始まった。やはり道具は大事で、カッターナイフでごし

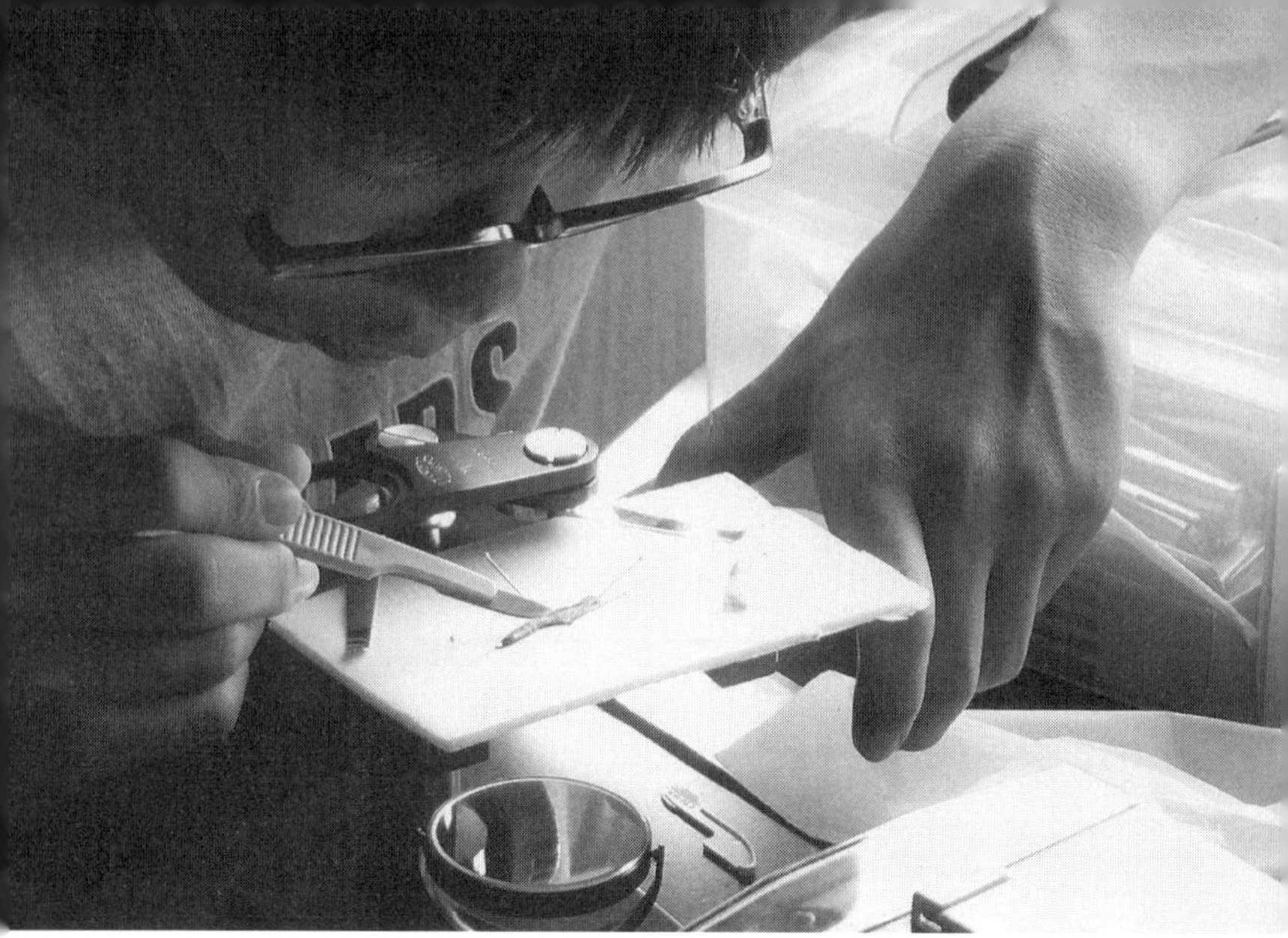

メスが導入されて、解剖の精度が格段に上がった。

ごしやっていたのとは、まったく違う。一つひとつの臓器をさほど傷つけずに見ることができたせいか、「先生、これは何？」という質問がたくさん飛んでくるようになった。

少しして、央典が、「ここピクピク動いてる。脈打ってる」と言い出した。みんなが覗きにくる。じっと見ていると、確かに規則的に動いている。各自、自分が解剖中のヒルに戻り、同じ部分をじっと観察する。動いているのもあれば、まったく動かないのもある。央典は虫眼鏡を持ってきて、その動く部分を観察し始めた。

「血管らしきものが見える」と、央典が叫んだ。また、ひと騒動だ。みんなが競うように虫眼鏡を取りに行き、自分のヒルを観察している。

「あるある。確かにある」

「心臓は、どこや」
「普通は、体の中心にあるはずやけど、見当たらない」
このやり取りで、央典の探求心に火がついた。彼は、解剖実習になると心臓探しに燃えている。

その後も心臓の追究は続き、央典は一年後、その成果を自由研究にまとめて発表した。最後のまとめには、次のように書かれていた。

ヒルには、心臓はありません。でも、脈は打っています。一分間で四〇~五〇回、打っています。どうなっているのでしょう。本で調べたら、心臓がない生き物もあるそうです。血液を体中に回すポンプの役目をする部分があるのだそうです。心臓と呼べるまでは発達していないので、循環ポンプのようなものがあるということです。今度解剖したとき、そのポンプを見つけてみたいです。

小四の夏休みの自由研究にまとめたこの結果を市の発表会で発表したところ、たくさんの保護者に驚きを持って迎えられ、央典は「ヒル研の子」と呼ばれるほどの有名人になった。
翌年はヒル研のメンバーがほかのテーマでも発表したため、「ここに来たらヒルのことがよくわか

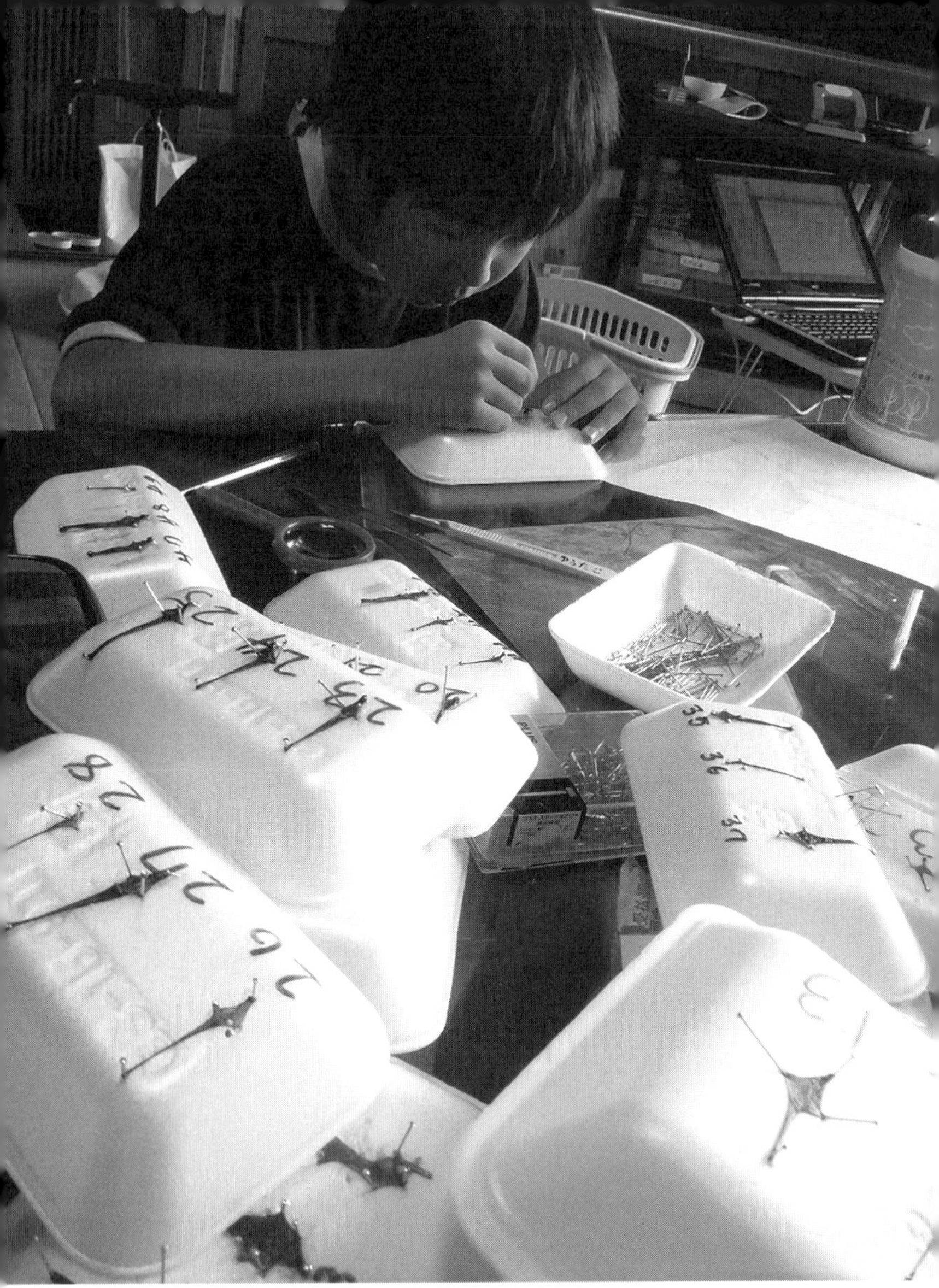

50匹のヒルを解剖して、ヒルの食餌意欲を分析した。

る」と、熱心にメモをとる人まで出てきた。さらに、央典ファンまで現れたという。受付で発表要旨を受け取ると、「あの子今年も来ているかな」「あっ、いるいる。今年は何の発表かな」などと、まるで劇場でごひいきの役者を見るように盛り上がる保護者が出てきたのだ。

「央ちゃん、ファンがついたよ」

わたしが冷やかすと、央典は「ハイ、頑張ります」と、堂々としたものだ。すっかりヒル研のホープの座を勝ち取ったなあ。

血のゆくえ

子どもヤマビル研究会は、実験道具さえ揃っていない、貧乏研究会だ。廃棄処分になった解剖顕微鏡をもらってきたり、学校の夏休みに備品を貸してもらったりしながら、実験を続けてきた。

粗末な手作り器具に慣れている子ども研究員たちのこと、高等学校から双眼実態顕微鏡を借り、解剖したヒルを覗いたときなど、みんな大興奮だった。お借りできたのは一台だけ。覗きながら解剖するという本来の使い方はできず、各自が作業台で解剖したものをステージに乗せ、交代で観察することにした。それでもかれらは、新しいものを見つけては、歓喜の声を上げた。さぞや忘れられない出来事になったことだろう。

そんな研究員たちの姿を見ていたわたしは、なんとか備品を揃えられないだろうかと検討を重ねた。ジョニーさんと一緒にようやく見つけたのが、顕微鏡撮影装置を作っている大阪のあるメーカーのホームページだった。

そのメーカーの装置を使うと、顕微鏡で見えたものを４Ｋ品質でモニターに映すことができるという。ホームページに、デモ用に貸与も可能との一文を発見したわたしは、さっそくジョニーさんと大阪に飛んだ。

社長さんはとても親切な方で、購入見込みのまるでないヒル研への一週間の貸し出しを、快く了承してくださった。「無料で結構です。どうぞ、有効にご活用ください」と、これ以上ないご支援をいただくことができた。研究所に帰った私は、興奮気味に子どもたちに事の顛末を説明した。

「まじめに頑張っていれば、ちゃんと誰かが見ていてくれる。報われるというのは、こういうことだね。この気持ちに応えて、頑張ろう」

その後メーカーの担当者から電話があり、「初めてお使いになるようなので、調整に時間がかかるでしょう。その分も含めて一〇日間お貸しします」といううれしい申し出をいただいた。ヒル研の大きな味方ができた。

待ちに待っていた装置が宅配便で送られてきたのは、六月中旬のことだった。わたしとジョニーさんはさっそく箱を開け、何度もテストをして使い方をマスターした。

いよいよ合宿研当日。せっかくすばらしい装置をお借りできたので、今回は解剖三昧、やりたいことを集中的にやろうということになった。

央典は心臓の代わりを果たしているポンプを探したいようだったが、わたしは「ヒルが吸った血は、身体のどこに貯められるのかを調べてほしい」と依頼し、全員で取り組むことになった。

まず、どのようにヒルに血を吸わせるかが話し合われた。ヒルがどこかで吸血してくるのを待つ時間はないし、子どもたち自身が提供者を引き受ける気もない……。そこで、以前、他の実験でやったことのある、水を注射器で口から無理やり注入する方法がいいということになった。この作業にも、名人がいる。みんながなかなかうまくできないときでも、快仁の手にかかれば、あら不思議。さっと針が口に入り、体内に水を入れることができるのだ。当然、この担当は快仁になった。水では目に見えにくいので、食事の残りの牛乳を使うことになった。

快仁が牛乳を注入したヒルを受け取り、解剖を始める。

「うわっ、ドバっと牛乳が出てきた」

「パンク、パンク」

「それは、切りすぎや」

何匹かが犠牲になった。しばらく黙々と解剖をやっていた悠太郎が、「できた。見て」と、解剖に成功したヒルを持ってきた。さっそく新兵器にかけて見てみる。大写しされたヒルのお腹の中には、白い液体を入れていると思える袋があった。

「これ。嗉嚢や。嗉嚢に入ってる」

央典が、断言した。悠太郎も、多分そうだ、と認めた。みんな、自分でも同じものを見つけようと、すぐに自席に戻っていく。悠太郎は自分のヒルの映像を写真に収めたあと、メスを持ってきて、白くなった袋を切った。すると、袋から牛乳が流れ出てきた。

「やっぱり、正解や。嗉嚢に血液は貯められる」

他の研究員も、順に解剖がうまくいき、嗉嚢に牛乳が入っているのを確認できた。ここで昼食の時間になった。

昼食中は、さぞや今回の発見の話でもちきりになると思いきや、みんなあまり関心がないのか、驚くほど話題になっていない。そこでわたしはこう働きかけてみた。

「ねえ、今、嗉嚢に牛乳がたまるとこ見たよね。みんなは、それまでどこに入っていくと思ってたの」

「うーん。なんか食道を通って胃に行くと思ってた」

「胃がぷくーっと膨らむ、ということ？」

「そうやな」

「僕は、解剖するまでは、ヒルのおなかは袋だと思っていた。あれほどいろいろなものが詰まっているとは思ってなかった。その袋が膨らむと思っていた」

やっと話題が解剖の話に移ってきた。

「今日、それが人間などほかの動物にはない嗉嚢、嗉嚢盲管に入ることがわかったね。嗉嚢や嗉嚢盲管は、小さな袋のようになっていて、その中に順に吸血したものが入っていくということだよね」

「だからか、吸血するとき、ヒルは前のほうが膨らみ、次に後ろか膨らむ、を繰り返している。お尻のほうから順に血液を詰めているんだ」

「なるほど。そうだ、あの動きは、吸った血を体の中で移動させているんだ」

「ヒルの食道は細いから、食道経由だと、あのようには吸えないよ」

「ということは、血は食道とは別ルートを通るということか」

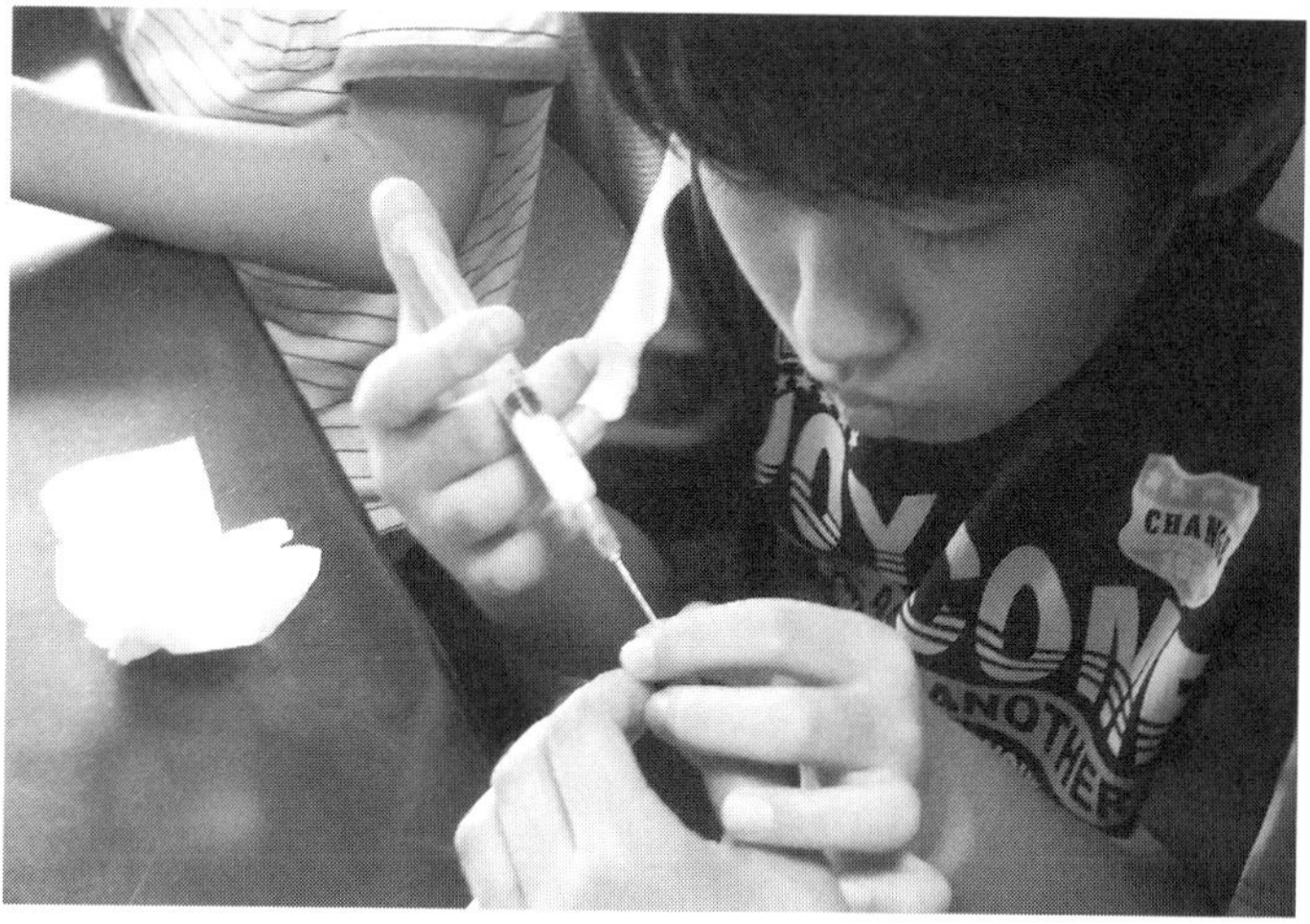

ヒルの口から注射器で牛乳を入れている。

「解剖図でもう一度確かめるといいけど、ヒルの前半分は、嗉嚢と書いてある。後ろ半分は、嗉嚢盲管と書いてある。吸い込むための袋と保存するための袋に、役割が分かれているようだね。だから、まず初めに前半分が膨れて、しばらくすると後ろ半分が膨れる。解剖結果と、観察結果が合うね」

ヒルは消化管とは別に、吸血用の臓器を持っているのだ。

央典が何かを思いついた。

「先にオペしておいて、あとから牛乳を押し込んだら、牛乳が入ってくる様子が見られるかな」

「簡単にやれるじゃん。午後のプログラムにしよう」

悠太郎が、食いついてきた。

午後のプログラムでは、丁寧に解剖されたヒルが、テレビ画面に映し出された。みんなは、画面の前でその瞬間を待つ。

「一度しかできないと思うので、集中して見よう」

ピントを合わせ、アングルもばっちり。動画モードでの撮影の確認も取れた。そっと注射器を口に挿入する。

「さあ、入れるぞ」

央典の声が、緊張気味に響いた。みんなはじっと画面を見ている。

「入り始めたぞ」と、央典。

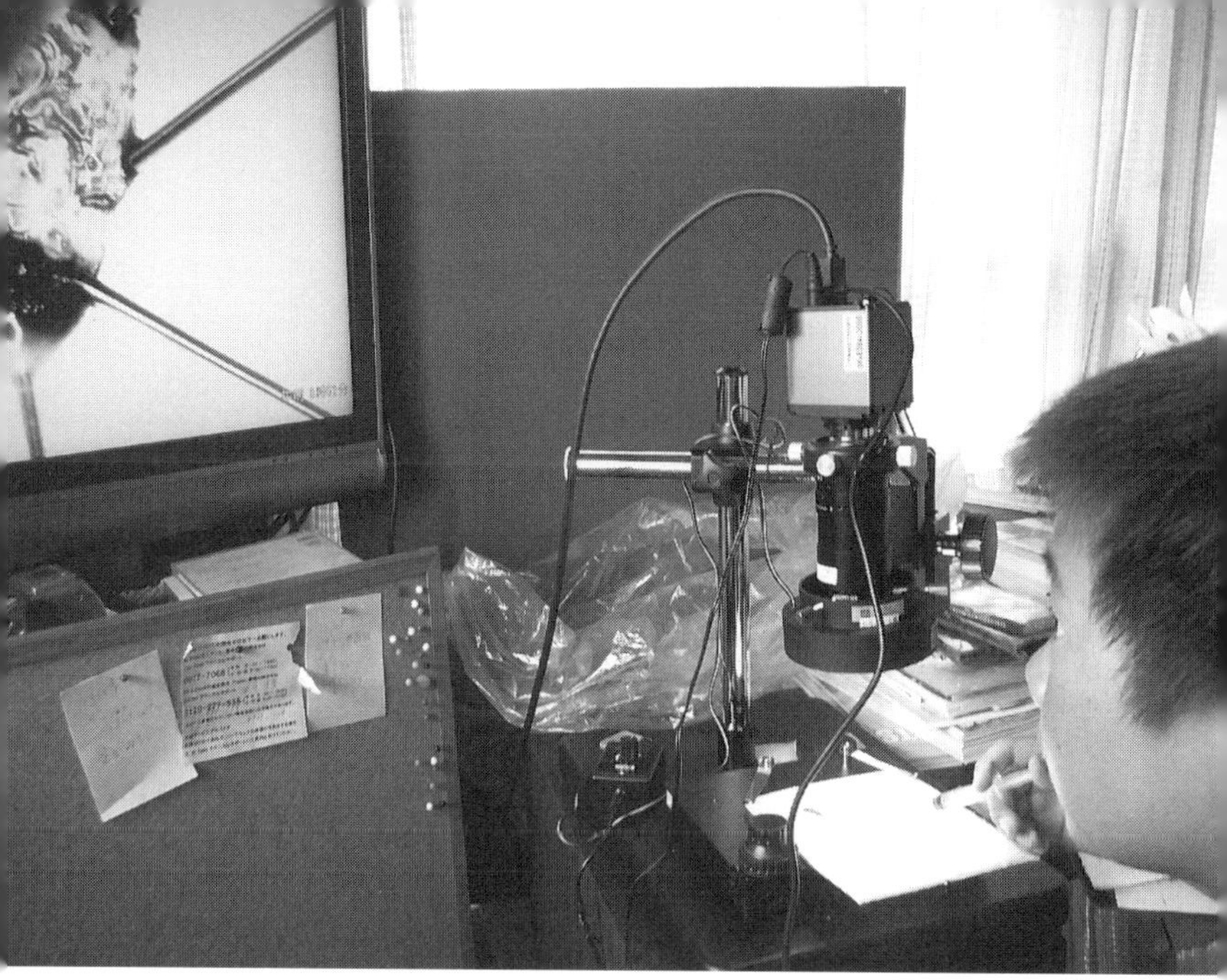

テレビに投影できる実体顕微鏡で、牛乳の行き先を追跡している。

「あっ、白くなってきた。ほらほら、ここ」善大が指をさした。

「ああっ、入ってきた。もっと入れろ」

手前の袋がまず膨れてきた。間違いなく、ここに入ってきている。しばらくすると、嗉嚢盲管に牛乳が到達した。

「そこ、一つ切ってみて」

ボランティアの学が、声をかけた。補助していた悠太郎がメスで切ると、牛乳がドローっと出てきた。

「出たあ」

「よし。これで確認がとれた」

「でもさ、食道に入るのとこちらに入るのと、どのように分けているのかな」

「口の奥に切り替えスイッチみたいなものがあるのだろうか」

解剖図をじっと見ていた学が、「そのようなものは描かれてないね」と言った。新たな謎の誕生だ。

ともあれ、ひとまずこれで、吸った血は嗉嚢や嗉嚢盲管に入ることが判明した。

心臓はどこだ？

昨年央典が見つけた赤い袋は、解剖図と照合した結果、心臓ではなく、膣であることがわかった。しかし、央典はまだ諦めていなかった。実体顕微鏡で見るヒルの体内では、血管が脈を打っている。やはり心臓がどこかにあるはずだ、そう信じていたのだ。解剖図にも載っていない心臓を見つければ、自分が最初の発見者になる。解剖の時間があるたびに、央典はひそかに心臓探しをしていた。

解剖の時間に観察するだけでなく、央典はいろいろな文献も調べていた。それによると、ヒルなどには心臓はなく、血液を循環させるはたらきをするポンプのようなものがある、という。心臓とよく似た働きをするが、生物学的に心臓とは言えないらしい。そのポンプが一つだけのもの、何か所かにあるものなど、生き物によってタイプはさまざまらしい。央典は、それを心臓と考え、この目で見つけたいと思っていた。

一本の血管をずっとたどっていく。そうすれば、心臓らしきものがきっと見つかるはずだ。央典は毎回血管を丁寧にたどった。しかし、ヒル研で使っているメスでは、とても細部まで切り開くことはできない。去年メーカーから借りたテレビに映し出せる実体顕微鏡も今はないので、小学校の解剖顕微鏡を使って実験をしている。

二〇倍がせいぜいの解剖顕微鏡でも、血管くらいなら十分見ることができる。そうだ、血管を一か所切ってみたらどうなるかな。名案だ。血管を順に切って動くところを探していけば、心臓にたどり着くはずだ。央典は、暇があるとこんなことばかり考えていた。

ヒル研でも、解剖の時間が待ち遠しかった。でも、野外の研究やヒル採集にとられる時間のほうがどうしても長く、解剖の時間は限られている。数回に一回来る解剖の時間に、普段考えていることをまとめて試さなくてはならない。央典は、解剖に全勢力を傾けているようだった。

ある日、わたしは央典に、「これを使ってごらん」と、小さなハサミを渡した。わたしが大学の実習で使っていた眼科用のハサミで、わずか二センチほどの小さな刃先は精密にカーブしている。これなら、薄い膜を切り開きながら血管をたどっていくことができるだろう。央典はさっそく試していたが、ヒルの皮膚はすぐ乾燥してしまい、思うように切り進むのは難しい。解剖学の難しさを実感したようだ。

「央典、医者になるにはね、毎日毎日、こんなことを繰り返していくのだぞ」

「わあ、大変やな。よし、やるぞ」

央典の夢はあくまで、外科医である。スーパー外科医を目指す央典の挑戦は、続いていく。

ヒルヤスミ　タッくんからの手紙

僕はヒル研に、ボランティアとして参加してきました。一番強く感じているのは、子ども研究員たちはすごいということです。

僕は野外活動が大好きで、ポッサム先生に誘われてボランティアになりました。研究員の生活の世話を中心にやってほしいと言われていたのですが、かれらといつも一緒にいるため、自然と研究の様子も目にすることになります。

僕は、生き物が苦手ではありません。爬虫類は特に好きで、蛇でも簡単につかめます。でも、どうしてだかヒルだけは、さっと手が出ません。怖いわけではないのですが、あのヌメっとした感触がいやなのです。

解剖が始まると僕がいなくなっているのを、知っていましたか？　解剖を見ていると気分が悪くなり貧血を起こすので、別の部屋に行ったり、部屋の隅でうずくまっていたりしていたのです。みんなが平気で「メス」とか言っておどけているのが、不思議でたまりませんでした。どうしたらあんなに平気でいられるのか。合宿の夜、外に行くのを怖がって僕にしがみついている子さえ、解剖の時間は楽しそうにしています。とても信じられません。みんなは、すごい。きっと優秀な研究者になっていくでしょう。

そうかと思うと、休憩時間には、あっという間に遊びの名人に変身する。あの切り替えも、すごいです。僕にはできません。研究員たちには、たくさん遊んでもらいました。特に水遊びは最高でした。

ボランティアとしてヒル研に参加し、自分を見つめ直すことができて、とてもよかったです。ポッサム先生は、僕が小学生のときの校長先生でした。よく教室に遊びに来られたし、僕らも校長室に遊びに行きました。

今の君たちを見ていると、僕らもあのように育ててもらったのだなあと、不思議な気持ちになります。これが「絆」というものかもしれませんね。これからもこのつながりを忘れず、お互いに頑張っていきましょう。

第5章　実験材料を確保せよ

5

ヒル、ください

「ヒルをください！」

「ぼくたちは、ヤマビルを研究しています。ヒルがついていたらください」

「血を吸っているヒルがほしいんです」

二〇一五年六月一四日の研究日。昼過ぎから入道ヶ岳の登山口に待機していた子ども研究員たちは、下山してくる登山客を捕まえては、手当たり次第に声をかけていた。

ヒル研は、吸血済みのヒルを探していた。もちろん研究員たち自身も山に入っては、体につくヒルを大事に持ち帰っていたが、それだけでは実験に必要な数が足りない。どうすればもっとヒルが手に入るだろうかと考えた末、思いついたのが、登山口で登山者たちの協力を仰ぐことだった。「子どもヤマビル研究会活動中」という看板を立て、下山してくる登山客にお願いしてみるものの、関心を寄せてくる人は多くはない。

「ああ、今日はヒルはいなかったよ」と、そっけない返事。しかし中には、靴を脱いで調べてくれる登山客もおり、そういう人とはヒルの話題で盛り上がって、コースによるヒルの数の違いなど、研究

ヒルください。下山してきた人に声掛けをする研究員。

員たちの知らない情報を教えてもらうこともあった。

「いないと思っていたのに、ついてる！　早く塩を振って」

さっきまで余裕をかましていた登山客が、自分の足に食いつくヒルを見るなり、叫んだ。

「ライター、ライター！」

女性陣は、もうパニックだ。

「僕たちが取りますから、ちょっと待ってください」

「いやいや、触ったらダメダメ。吸われるよ」

「大丈夫です。僕たちはヤマビルを研究しているので、とるのが上手なんです」

「あかん。無理に引っ張ったら、歯が残

って大変や」

外し方を説明する暇さえ与えてくれないほどパニクっていて、なかなか研究員にヒルを触らせてくれない。子ども研究員たちが最も手を焼いていたのは、こういう人たちの反応だった。「知らないというのは、こういうことなんだな」と、顔を見合わせている。

あるとき、ヒルの話に興味を示してくれた五〇歳代くらいのグループが、駐車場で靴やソックスを脱いでくれた。一人の足にぶくぶく太ったヒルがついているのを見つけるやいなや、善大がすぐ駆け寄って声をかけた。

「ヒルがいます。それ、ください」

そう言うと善大はさっと手をのばし、太ったヒルをゲットした。

「ああ、よく見つけたわね。わたしの血をずっと吸ってたのね。とってくれてありがとう」

「一時間以上前から吸われてた感じですね」

「そんなに長く吸うの」

「はい、吸います」

「どこでついたんやろね」

そんなやり取りをしながら、ヒルの話題に乗ってくれる登山者もいる。

「ありがとう。世の中にはこんな気持ち悪いヒルをほしがる子もいるんだね」

「ええ、僕らにとっては貴重な実験材料なんです」

「こんなの研究してどうするの」

「自然の仕組みを調べるんです」

「ヒルを全滅させる薬を発明してよ」

「いやあ、それはちょっと」

また別の研究日、菰野富士という小高い丘を調べていたところ、ある一角にだけヒルがいることに気づいた。

「こんな花崗岩の上にヒルがいるよ」

見つけたのは、「ヒル捕り名人」と呼ばれている允義だった。彼は本当に眼がよく、ヒルを見つけるのがうまい。允義に言われて周囲を見回すと、いるいる。中サイズのヒルが点々といるではないか。登山道の脇に息を吹きつけると、さらに大きいのが出てきて、一〇匹以上を捕まえることができた。

そこに、ハイキング中の六〇代の女性三人が通りかかった。

「あんたら、何してるん」

「子どもヤマビル研究会です」と言うと、その中の一人が声を上げた。

「あんた、この前テレビに映ってた子やろ」

一週間ほど前、地元のケーブルテレビで「子どもヤマビル研究会」の活動が放送されたのを見ていてくださったのだ。

「はい、そうです」

「あんたやったんや。頑張ってるな」

テレビの話に夢中になっていると、足元に小さなヒルが近寄ってきた。允義が気づき、それをつまみ上げた。

「それヒルやろ、はよ殺して。あんたらヒル研やろ」

「いいえ、これは小さいので逃がします」

「何言ってるんや。あとから来る人がやられるやんか。被害者を出すんやで。はよ殺して」

子どもたちは、もじもじして手のひらの上で丸めている。

「それって、簡単にはつぶれないやろ」

「ハイ、ものすごく強いです」

「石の上に乗せて、もう一つの石でたたいたけれど死なへんかった。はよ殺して。あんたら上手やろ」

「いいえ。僕らは殺さず、持ち帰って実験に使います」

「えっ、こんなもの家に持って帰るの」

仕方がないのでその場で逃がすのはやめ、フィルムケースを取り出して入れた。その後は楽しくおしゃべりし、励ましの言葉をもらって別れた。

登山客からもらったヒルは、なぜか翌日には死んでいることが多い。生き残るのはほんのわずかである。

「ヒルの忌避剤を靴につけているからではないかな」

「忌避剤つけてたら、ヒルは侵入しないよ」

「そうとも限らないよ。朝振りかけたとすると、下山の頃には効力が下がってくる」

「だから、ほとんど影響なく潜り込めるけど、多少の薬が体についてしまうんだ」

「そうか。一日後に死ぬのは、その影響なのかもね」

「だからせっかく丸々太ったヒルをもらっても、産卵まで至らないのか……」

「簡単には、いかないなあ」

ヒルを飼っているの？

毎年恒例の夏山フェスタでは、来場者の大人たちからさまざまな質問を受ける。あるとき質問してきたおばさんののめり込み方はすごかった。

「ヒルを飼っているって本当？」

「はい、常時二〇〇匹、多いときには三〇〇匹くらいいます」

「エサは何を与えているの」

「特に、何も与えていません」

「血をあげたりしないの」

「そんなことしたら、僕らの体がもちません」

「何も与えなくても、一年は生きていると言われています。僕たちは実験にどんどん使っては新しい個体を補充していくので、いつも元気にしています」

「そんなに絶食できるのね」

「本当に何も食べていないのか、僕らの知らないものを食べているのか、まだはっきりわかってはいません」

「家で飼っているって、どのように飼っているの。まさか、虫かごではないだろうし」

「金魚を飼う水槽です。密閉蓋を作り、ときどき霧を吹き込んで湿気を与え、換気しています」

「へえっ、水槽の中に二〇〇匹もうごめいているのね」

「ハイ、かわいいですよ。ヒョコヒョコ動いて」

「共食いしないの」

「ヒルは動物の血を主食にしていますので、互いに傷つけあうようなことはしません。体を絡め合っ

て交接しているのは時々見かけますが、相手の体にくっついて吸血するのは見たことがありません」

「ねえ、ヒルって血はあるの」

「あります。赤色で僕たちの血と同じようです。心臓はまだ見ていませんが、脈を打っているのは、実体顕微鏡でしょっちゅう見ています。解剖したときに、血管が浮き出てくるので、そこにピントを合わせると、トックントックンと脈を打つのが見られます」

「えっ、解剖までするの。あの小さいのを解剖できるの。すごい腕前だね」

「ありがとうございます」

子ども研究員たちが質問にてきぱきと答えていく様子に感心したのか、だんだん人が増えてきて、まるで囲み取材のようになった。

「ねえねえ、話戻すけどさ。水槽で飼おうって、どうして思いついたの」

四〇歳くらいの学校の先生のような話し方をする女性が、割って入った。

「研究会が始まった当初は、飼うという発想はなくて、毎回捕ってきたヒルを使い切っていました。でも、ヒルはいつもいるとは限りません。研究日に集まってヒルを捕りに行ったけど捕れなくて、何もせず帰る日もありました。それでは時間が無駄になるから、ヒルを飼育しようということになり、色々試しました。最初は、小さなジャム瓶などに入れていたのですが、一度にたくさん入れすぎてとろけさせてしまったり、乾燥してカンピンタンになったりと、なかなかうまくいきませんでした」

「研究会はどれくらいの頻度でやっているの」

「ヒル研は、一、二週間に一度、土日に開催しています」

みんな、真剣に聞いている。

「大きな瓶がいいのではということで、昔よく見かけた海苔の入ったガラスの広口瓶を使うことにしました。すると、一週間は持つようになりましたが、翌週の研究会までは持たず、死んでしまいます」

「みんなで考えて、換気が問題だと思い至りました。瓶の口を開けばヒルは脱走するし、閉じれば死んでいく。そこで考え出したのが、広口瓶の蓋に適当な大きさの穴をあけ、逃げ出さないように、サージカルマスクで中蓋をするという方法でした」

「この方法は今も続けていて、霧を吹き込む以外、そのままにしておいてもヒルは生きています。水槽の場合は容積が大きいので、下に落ち葉などたくさん入れておいてやれば、大丈夫です。その結果、実験の能率が格段に上がりました。いつでもほしいときに水槽から取り出して使えます。フィールドワークでヒルを捕まえてきたときは、この中に入れています」

さまざまな試行錯誤を経て、やっとたどり着いた方法だ。善大が研究にまとめ、小学校科学研究発表会で発表した。会場からは特に反応はなかったが、ヒル研にとっては重大な成果である。飼育瓶を覗けばヒルがいる。研究材料の安定的供給は、研究活動にとって非常に重要な条件なのである。

秘技・ヒルもみもみ

ヒル研では当初、ヒル捕りにはピンセットと捕獲瓶を使うのが定番だったのだが、ピンセットではつるつる滑って、ヒルを掴むのが難しい。ようやく捕まえたと思っても、ピンセットにヒルがまとわりついてしまい、捕獲瓶に移すのは至難の技だ。

現在では、ジョニーさん考案の「ヒルもみもみ」という技術を使って捕獲している。ヒルを親指と人差し指でつまんだら、中指を添えて揉み、ヒルを丸くするのだ。ヒルの体はとても丈夫で、他の生き物のように簡単に潰れたりはしない。その特性を利用し、揉みながら丸くしていくことで、まとわりつくのを防ぐのである。

ヒルを見つけたら、さっと手を伸ばし、親指と人差し指でつまむようにして捕る。つまむタイミングも重要だ。シャクトリムシ運動で近づいてくるヒルの、背中が上に上がっている瞬間につまめば、「ヒルもみもみ」の体勢に入りやすい。

新しい会員が入るたびに、ジョニーさんはこの技をまず伝授する。

「ヒルもみもみができないうちは、一人前ではない」

ジョニーさんがそう断言するものだから、みんなヒル探しにハッスルするし、技術のマスターが早いのだ。

「ヒルもみもみ」の他にもう一つ、ヒルの捕獲方法がある。熱によく反応するというヒルの特性を利用するのである。ヒルを見つけたら、その鼻先に右人差し指をそっと近づける。すると、ヒルは指先にチョンと乗ってくる。すかさず左手でフィルムケースの蓋を少し開け、隙間にヒルを入れる。パチンと蓋を閉めれば、ハイ、終了だ。

この捕獲方法は、ヒルが指に乗り、シャクトリムシ運動を始めた直後、一、二回目くらいのとき、しかも爪の上にいる間でなくてはうまくいかない。三回以上シャクトリムシ運動をしたあとだと爪の上を通過し、皮膚の最も薄い場所に到達してヒルが吸血体勢に入るため、捕りにくくなってしまう。

野外で採集したヒルをフィルムケースから「ヒルもみもみ」で瓶に移し替える。

タイミングさえマスターすれば、捕獲自体は簡単で、五秒もかからず完了する。まさに名人芸だ。

これらの方法をマスターしてからヒル捕り場に四、五人で行けば、ものの二、三〇分で多ければ一〇〇匹以上ものヒルが捕れる。ヒルが大量にいる場所で捕獲するには、非常に効率のよい方法なのである。

かつて、東京大学の山中先生の一番弟子・小泉紀彰さんが、どうにかして効率よくヒルを捕獲できないかと考え、ヒルのわな（ヒルトラップ）開発に苦心されたことがあった（86頁ヒルヤスミ参照）。スズメバチの捕獲に使うトラップのようなものを野原に仕掛け、ヒルを一網打尽にしようというのである。しかしヒルの場合、移動距離とスピードに問題があり、スズメバチのように簡単に集まってはくれない。あるとき、ヒル研でもこの

飼育中のヒルを「ヒルもみもみ」で移し替え中。

件が話題になった。

「わなを一晩仕掛けておいたら、ヒルがドバっと入っていたりしないかな」

「小泉さんがペットボトルで作ったけど、だめだったみたい」

「ヒルの好きな血を入れておけば、集まってくるんじゃない」

「その前にイタチにやられちゃうよ」

「ペットボトルを組み合わせてアリ地獄のような装置を作り、最後のところに肉を入れておいたら」

「でもさ、ヒルって鼻がないよ。匂いわかるの」

「鼻の代わりに、体の表面にいっぱいつぶつぶがある。それが、感覚器の役目をしているらしい」

「ヒルの好きなものを土の中に埋めておいたら、そこにヒルが寄ってくるってことはないかな」

「ヒルが好きなものって何？」

「何だろう、やはり血か。皿に乗せておいてもだめだよね」

このような議論が延々と続いた末、結局、ヒルのいる場所を地道に探すしかないという結論に。今では、研究員たちは、「はいはい、こっちおいで。捕まえてあげるよ」と言いながら、楽しそうにヒルを捕まえている。よほど乾燥が続かない限り、わずか三〇分から一時間で、五〇匹から一〇〇匹のヒルを捕って帰る。

ヒルを一〇〇匹、瓶に入れるには

ヒル研の子ども研究員たちは、それぞれが得意分野を持っているのだが、以下に紹介するのは、かなりの特殊技術である。

先ほど紹介した「ヒルもみもみ」は、捕まえたヒルを瓶の中に簡単に入れる技術である。この方法を使えば、どんなヒルでも指先だけで簡単に瓶に入れることができる。しかし、入れる容器が飼育用の大きな瓶となると、実はそう簡単ではない。

ヒル研で使っている飼育瓶は、大きめの海苔のガラス瓶である。直径一八センチ、高さ二三センチほどもある。これにヒルを入れると、呼気を感知し、入れたそばからみるみる瓶のふちを上がってくるのである。数匹であれば、一匹ずつ底に落として蓋を閉めるのは簡単だが、入れるヒルの数が二〇、三〇となると、底に落とすよりふちから出てくるヒルのほうが多くなってしまい、とても一人では対応できない。研究員総出で「ヒルもみもみ」をする羽目になる。ようやく蓋を閉められたと思っても、その後瓶の外を闊歩するヒルが見つかることもしばしばだ。

この難しい作業を一人でやる方法を編み出したのが、悠太郎である。手伝おうとしても「呼気が増えてヒルが上がってくる」と叱られ、近づくことができないが、遠くから見ている限りでは、従来の方法とどこが違うのかよくわからない。

一体どうやっているのか、本人に聞いてみた。ヒルを投入するのは一人でやるが、最後に絶妙なタイミングで蓋を閉める役目だけは、他人に頼むのだという。てのひらに一〇匹ほどのヒルを乗せてまとめて揉み、十分丸まったところで、一気に瓶の中に投入する。丸められたヒルが体を伸ばすまでの間に、瓶の蓋をすばやく閉める。そして、瓶の中のヒルたちが落ち着きを取り戻し、底にたまってきたら、次の一〇匹を同様にして入れるのである。これを繰り返して一〇〇匹ほどを詰め込む。見ていると、なかなか壮観である。

瓶に閉じ込められたヒルは、驚いたように右往左往している。自然界ではこれほど密になることはないので当然だが、どこか強制収容所の趣もあって複雑な気持ちがする。一方、大きなヒルになると、密な状況を利用して交接行為に及ぶものもいる。通常、ヒルたちは別の個体に接近する機会がほとんどない環境に生息している。それが突然、瓶に一〇〇匹が押し込まれるのだ。交接相手はいくらでもいる。観察していると、いたるところで交接行為を目撃することができる。

そのうち、琢志研究員が、さらに進化した方法を編み出した。彼のやり方はこうである。瓶を足元に置き、誰も近寄らせず、たった一人で呼吸を整え、採集用のフィルムケースの蓋を取る。フィルムケースからヒルが出てきたら、そっと捕まえて飼育瓶に向かってデコピンし、瓶の底に弾き飛ばす。

その際、決して飼育瓶を覗き込んだりはしない。次のヒルがフィルムケースから自然に出てくるのを待ち、同じ手順を繰り返す。まるで催眠術にでもかかったように、ヒルが彼のされるがままになっているのが不思議である。時間はかかるが、こうすれば一匹もとり逃すことなく、瓶に収めることができる。「これは企業秘密だな」と、わたしはいつも唸ってしまう。

実験前に瓶の中からヒルを取り出すとき、みんなも琢志を真似して、静かに取り出すようになった。まるで魔法使いか催眠術師にでもなったかのように……。

一人で静かにヒルを移し替える催眠術師。

ヒルの棲み処を探せ！

山に行けばヤマビルはどこにでもいる。そう思っている人は、意外と多い。しかし実験に大量のヒルを使うヒル研では、一時間で一〇〇匹は捕獲できないと話にならず、それくらいの数のヒルがいる場所というのは、実際にはさほど多くはない。

わたしたちの住む鈴鹿市の山は、ヤマビルが比較的多く生息していると言われており、山登りの本でも注意が促されている。わたしたちも経験上、鈴鹿山脈でヒルの多い登山コースがどこかは把握しているので、そうした登山コースである宮妻峡の入口付近でもっぱら実験用のヒルを捕っていた。

一年目はそれで十分だったのだが、研究レベルが上がるにつれ、実験材料に使うヒルが足りなくなってきた。年間、五〇〇〜一〇〇〇匹ほどのヒルを同じ場所で捕っているせいか、数が減り、サイズも小さくなったような気がする。そこで、ヒル捕り場を他に探すことになった。知り合いのつてをたどり、ヒル被害の多い場所を探したところ、いなべ市藤原に住む知人が「お寺の裏山にうじゃうじゃいる」と言う。「連れて行ってほしい」と頼むと、「わたしはいやだ。地図を描くから、勝手に行ってきて」とのこと。

地図を片手にさっそく藤原に行ってみると、確かにいる。しかも大きいのがたくさん。ざっと眺めただけで、五〇匹ほどが近寄ってきた。これはすごい。よい採集場になりそうだ。そう確信したわたしは、ヒル捕り場を宮妻峡からこの藤原の地に変更することにした。

次の研究日、子ども研究員たちを車に乗せると、「すばらしいところにご案内します」と言って、いつもと反対方向に向かった。藤原岳の横を通り過ぎて集落に入り、さらに細い道を経由して林道の入口まで来た。由緒ある古いお寺の駐車場である。駐車場で、さっそく山の様子と今日の目的をみんなと確認していると……。

「あっ、ヒルがいる。早くもヒルがいたぞ」

セメント舗装された駐車場で、一人がヒルを発見。みんなのテンションが一気に上がった。駐車場から徒歩一分ほどで林道入口に入る。道端には落ち葉が腐葉土化して積もっている。

「あっ、いるいる」

「ほら、ここにも。いつもよりでかいよ」

「五センチはあるね」

あっという間に三〇匹ほどを捕まえた。まだ知人が教えてくれたエリアに到達していない、そこへの道の入口なのに。

「これはすごいぞ。大きいのだけにするよ」

小さいヒルは来年のためにとっておくことにした。入り口から一〇〇メートルほどの間に一〇〇匹近く捕ったので、容れ物が足りなくなり、今日はこれで帰ることにした。

「それにしても、すごい量だね」

「洞窟のところまで行くと、うじゃうじゃいるらしいのだが」

「どんだけおるんや」

「誰も行きたがらないらしい」

「そら、そうや。行きたがるのはヒル研だけだ」

「やっぱり俺らは変人の集まりか」

「かもね」

こうして大量のヤマビルを捕獲できる場所を見つけることができた。結局三年間、この場所に通い続けたのだが、一向にヒルが減る様子はなく、どこで湧いているのだろうとよく話し合ったものだった。

「探してみたいね」

「ヒルの湧く場所が見つかったら、どれほどどうじゃうじゃいるんだろう」

「天から降って来るわけじゃないんだから、きっとどこかにあるよ、そんな場所が」

ヤマビルの生殖について調べていた悠太郎研究員は、二〇一七年二月の三重生物教育会で次のように発表した。

採集したヒル。多い場所では、毎回30分ほどで50〜100匹が捕れる。

ヤマビルはどこかで増殖しない限り、やがて消滅する。ヤマビルの数が増え続けているということは、どこかに増殖する場所、ヒルスポットがあるはずだ。ヒルは雌雄同体だが自家受精はできず、必ず相手が必要だ。移動距離が限られているので、適齢期のヒルが近くにいない限り、交接は不可能である。たとえ交接に成功しても、そこに宿主動物が来てくれなければ、吸血ができず、産卵のための栄養を蓄えることができない。

解剖してわかったのは、ヒルの体内で最も発達している器官は、膣であるということだった。雌雄同体の生物は、精子を受けたら膣で保管し、受精のタイミングをはかるらしい。ヒルの場合は、吸血することでエネルギーを確保し、細胞分裂が始まる。吸血から約五週間で卵塊を産み落とす。一個の卵塊から生まれる幼生は六匹ほど。孵化した幼生は、すぐに自力で生きていかなければならない。

ヤマビルは、このように過酷な状態で命をつないでいる。これら一連のことが起きるためには、多くの個体が集まる場所が必要になる。それこそがヒルスポットである、と。

昔から、「あそこに行くと、ヒルが湧いている」と言われる場所がある。ヒル研では現在、そのような場所を突き止めるべく調査中だ。ヒルがたくさん捕れる場所から上に上っていき、ヒルスポットをなんとか特定したいと、子ども研究員たちは頑張っている。

コウガイビルを見つけた。血は吸わない。

さて、よく混同されるヤマビルとコウガイビルの違いについて、悠太郎くんに説明してもらおう。

コウガイビルの話——悠太郎

以前、登山道でヒル捕りをしていたショウタくんが、山登りのおじさんに「これはヒルではない」と言われて憤慨したと言っていましたが、そのおじさんは、コウガイビルをヤマビルだと思い込んでいたのだと思います。コウガイビルをヤマビルと誤って認識している人は、それくらい多いのです。

ウィキペディアによると、コウガイビルは、頭が半月形の、ミミズをぺしゃんこにしたような生き物で、畑や湿った路地裏などでよく見られます。長さは三〇センチもあるのに幅は一センチ、厚みは数ミリという不思議な形をしており、扁平動物に分類されています。

ヤマビルは環形動物なので、コウガイビルはヒルという名前がついているものの、ヒルの仲間ではないということになります。筋肉が発達しておらず、地面にへばりついたようにして、のそっと動きます。エサはミミズやナメクジで、動物の血を吸うことはありません。とても不思議な生き物です。

人間の生活圏に生息しているので、畑の周りで石をめくってみれば、とぐろを巻いて休んでいる個体に出会うこともできます。

ある日、ヒル捕りをしていたら、小学三年生の体験入会者の子が、「お兄さん、これ何?」と、平らなゴムひものような生物を見つけました。コウガイビルでした。僕がつかむと、手のひらから指の間へとヌヌメつたってきます。

「これはコウガイビルで、ミミズを主食にしているよ」と言うと、その子はさっそく適当な大きさのミミズを見つけてきて、「これ、食べるかな」と、僕の前に差し出してきました。

そこで僕は、手のひらの上にコウガイビルを伸ばし、口先にミミズを近づけました。三〇秒ほど思案していたようでしたが、ミミズと認識したのか、口をぱくりと開けたかと思うと、丸呑みしました。四センチほどのミミズをぐんぐん飲み込み、三、四分で完食してしまいました。見ていた子どもも研究員たちも、気持ち悪がっていました。人を襲うことはないので、手のひらに乗せても大丈夫です。自分で体を起こす筋肉を持たないコウガイビルは、接しているものに沿ってずるずる動きます。何を考えて生きているのでしょうね。

コラム

ヒルの飼育方法の模索

ぼくたちは、毎回研究日の最初にヒルを採りに行く。しかし、それが大変なので飼育する方法がないか研究した。

ヤマヒルは、5～10月の気温25度くらいの湿った場所を好む。ふだんは落ち葉の下などの湿ったところにいるので、それと同じような環境を瓶の中に作ればよいと考えた。

〈実験①〉

直径5センチ高さ5センチくらいの小さな瓶に落ち葉などと一緒にヒルを入れた。そのまま、玄関の中に置いた。2日くらいで死んだ。

〈実験②〉

実験①では空気が足りなかったのではないかと思い、直径9.5センチ高さ8センチの瓶に代えてみた。そして、毎日1回蓋を開けて新しい空気を入れた。すると、1週間は生きた。でも、死んだ。

〈実験③〉

直径11センチ高さ20センチの大きい入れ物が手に入った。そこで、空気は自由に出入りできるが、ヒルは逃げ出さない方法を思いついた。まず、塩化ビニールのふたをカッターナイフでくりぬき、直径10センチくらいの穴をあけた。そこに、マスクを切ったものを乗せて、蓋をした。そうすることでマスクを通して空気は自由に出入りができて、ヒルが逃げ出さないものができた。

しかし、瓶の中がかわいてくると、ヒルは弱ってくるので、ときどきスプレーで水をかけてやる。

このようにして飼うと、長生きさせることができた。でも、ある日突然全滅した。理由は、あまりにも暑い日が続き、瓶を置いていた玄関の気温が35度を超えていたから。前年の研究で、35度になるとヒルはピョンピョン飛び跳ねるようにあばれて死んでいくことが分かっていた。それで、全滅したのだと思う。

これが失敗を繰り返しながら、やっとみんなで見つけた飼育方法。一番のヒットは、マスクを瓶の口にはめるというところ。空気や空中の湿気が入り、ヒルが長生きできるようになった。これで毎回ヒルを捕りに山に行かなくてもいいようになった。

第6章　ヒルはどうやって拡がるか

6

鈴鹿山脈におけるヒルの分布

毎年恒例、名古屋の夏山フェスタでのこと。ヒル研の研究成果を話していると、来場者の一人から質問があった。

「同じ鈴鹿の山なのに、ヒルの多い山と少ない山があるのはどうして」

「はい、鈴鹿山脈の北のほうの藤原岳には、ヒルがたくさんいます。御在所岳には、ほとんどいません」

「それは、どうしてなのかな」

「また詳しくは調べていませんが、山を作っている岩石の違いではないかとにらんでいます」

「岩石の違いなの？」

「御在所に登るとわかりますが、花崗岩ばかりです。藤原岳は良質の石灰岩でできていて、セメントを作る工場もあります。その違いかなと予想しています。来年調べてみます」

「よろしく頼むよ。来年聞きに来るからね」

こうして大きな宿題をいただくことになった。

まずは同じ日に御在所と藤原でヒル捕りをし、藤原に多いという証拠をつかまなくてはいけない、

御在所岳山麓の河原。花崗岩ばかり。

ということで、翌年六月の絶好のヒル日和に調査に出かけた。御在所は裏登山道の四の渡し付近、ときどきヒルを見るという情報のあった場所に向かった。

研究員たちは、ちょっと見ただけで「先生、ここはいない」と言う。

「どうして？　結構湿っているし、落ち葉や腐葉土がたくさんあるよ。シカなどの獣道も通っているよ」

「でも、ヒルの殺気が感じられない」

「とにかく、一〇〇メートルくらい歩いて探そう」

そこで五人は、しっかり足下を見ながらヒルを探す。途中ですれ違った登山客に奇異な目で見られたのは、間違いないだろう。三〇分以上探したが、収穫はなし。

そこで、一時間ほど車で北に移動して、藤原岳の麓に場所を移した。林道を少し入ると、早くも何匹かのヒルが歓迎してくれた。少し登ると、ヒルはたくさん出てきた。三〇分で一〇〇匹以上が捕れ、藤原のほうが多いという証拠ができた。

次は、なぜ、そうなるのかを調べなくてはいけない。考えられることを一つひとつ表にし、比較検討した。その結果、最も大きな違いは、山を構成している岩石であることがわかった。

このことについて、詳しく検討することにした。大型水槽の真ん中に仕切りをし、一方には御在所の砂（花崗岩）を、もう一方には藤原の砂（石灰岩）を入れる。御在所の砂にはその上に御在所でとった落ち葉や腐葉土を、藤原のほうには藤原でとったそれらを被せた。それから、時々両方に水をスプレーして、山の環境に似せた状態に整え

藤原岳山麓の河原。石灰岩ばかり。

た。そして、真ん中の仕切り部分にヒルを三〇匹放した。ヒルは、御在所でも藤原でも好きな環境のほうへ行くことができる。つまりこれは、ヒルが御在所か藤原のどちらが住みやすいかを選ぶ、選挙のような実験なのである。

結果は、数日後から顕著に表れた。藤原のほうに圧倒的に多くのヒルが集まっている。日によって違うが、だんだん藤原が多くなった。しかし、御在所側にも少しは残っている。

山を実際に歩いたときの検証では、ヒルは藤原にたくさんいて、御在所にはほとんどいなかった。水槽の実験結果とも一致する。つまり、ヒルは花崗岩が嫌いなのだろう。

実際、御在所で見つかるヒルは、中から大サイズのものが多い。生まれたてのヒルはまだ見ていない。つまり、御在所では増殖をしておらず、ど

水槽に藤原と御在所の環境をまねて作った実験装置に、ヒルを投入して好き嫌いを選ばせた。

こかから何者かによって運ばれてきたことになる。

そうなると、本当に花崗岩の山ではヒルが生まれないのかを検討する必要が出てくる。ちょうどその頃、ヒル研のブログを見た京都大学霊長類研究所の「ヤクザル調査隊」の先生が、研究所を訪ねてきてくださった。この話をすると、「屋久島に棲むヤクビルを送るから、この実験装置に入れて確かめてほしい」という。というのも、御在所と同じ花崗岩地質を持つ屋久島には、ヤクビルと呼ばれるニホンヤマビルが生息しているからだ。屋久島から送られてきたヒルの中には、生まれて間もないような小さな個体が何匹もいた。これは、屋久島で増殖している証拠である。詳細についてはこれから研究していくことになるが、ヤクビルは、新しい環境に適応し、変容していくヒルの実例なのかもしれない。

ヤクザル調査隊のフェイスブックに、「もし屋久島が石灰岩の島だったたら、恐ろしいことになっていたね」との書き込みがあったが、その通りだと思う。屋久島は火山でできた島なので、石灰岩の露頭はないはずだ。しかし、ヒルが花崗岩層で繁殖していることは事実である。

シカはヒルをばらまいているのか

「今夜は、シカを見に行こう」

ある日わたしがそう提案すると、子ども研究員はみんな大喜びした。

「シカがヒルを振りまいている現場を押さえるんだ」

これがまた、とんでもないプロジェクトの始まりとなるのである。季節は夏。夕食を済ませて早めに風呂に入った子どもたちが、パジャマ姿で車に乗り込む。手には懐中電灯を持ち、何かに襲われてはいけないからと、長さ一・五メートルの棒、さらにちゃっかりおやつやジュースも車に積み込んでいる。

地元の人への聞き込みから、夜八時頃から水沢の茶畑付近にシカが集まってくるという情報を得ていた。その時刻に合わせて、出発したというわけだ。

子ども研究員たちは、どうやら奈良公園のように、広場にシカが遊びに来ているような光景をイメージしているようだ。車内では、「シカの背中に乗ってみよう」とか「相撲をとってみよう」といった、研究視点ゼロの会話が繰り広げられている。闇の中での未知なる体験に、心躍らせているのだろう。

山の奥へ入るにつれ、ネオンや街灯はなくなり、月明かりがボーッと照らす世界になってきた。それまで声高らかにしゃべっていた研究員たちは静かになり、体をこわばらせている。話題も、お化けだの幽霊だのという話に変わっている。「怖い」とは言い出せないので、必死にこらえて、お化けの話でごまかしているのだ。一番怖がっていたのは、央典だ。逆に平気で、みんなを驚かそうとたくらんでいたのは、悠太郎だった。

シカがどこにいるかわからないため、森に近づいてからは、超低速走行をしていた。だから余計に、幽霊の話が真実味を帯びてくる。杉林の入口に近づいたとき、大きな塊が二つ、左から右に駆け抜けた。

わたしが急停車すると、研究員たちが声を上げる。

「なんやったの」

「あれ、シカとちゃうか」

塊が走り去ったほうを、懐中電灯で追う。何も見えなかったが、きっとシカだろうということになった。

「このあたりにいるなあ」

みんなは目を凝らし、シカが走った方向を見つめている。

「杉林の中、地面から一メートルくらいのところを照らして探してごらん。目が二つ並んで光っていると思うよ」と、わたしは言った。

脱輪しないように注意を払いながら、林の周りの道に沿って車をゆっくり慎重に走らせる。突然、悠太郎が、「いた。あそこにいる」と、懐中電灯の光を当てた。六つの目が光っている。

「三頭やなあ」

みんなは、言われた方向を見て、ざわつき始めた。

「こっち見てる。親子かな」

「家族だよ」

「捕まえよう」

「そんなことできるわけがない」

「ちょっと下りてみよう」

悠太郎がドアを開けて、一歩足を地面につけると、シカはさっと向きを変えて逃げて行った。落胆の声が上がった。

「もっと奥に行ってみよう」

車は闇へと突っ込んでいく。

林の中ほどに入ったので、エンジンを切り、しばらく静かに待つことにした。せっかく持ってきたからと、研究員たちはジュースを飲んだり、お菓子を食べたり。

「鹿せんべい、持ってきたらよかったかなあ」

「あれは、まずいぞ。社会見学のとき、奈良で食べてみた」

「お前食ったんか。あれはシカ用だぞ」

「でも、お腹は大丈夫だったよ」

「シーッ」

先ほどシカが逃げ込んだ反対側の林から、ゴソゴソ音がしてくるのに悠太郎が気づいた。そっとライトを照らすと、目が六個以上光って見えた。その付近をサーチすると、もっといる。

「あっちにもこっちにも、かなりいるぞ」

カメラを向けて写真を撮ろうとすると、奥に入っていく。なかなか写真を撮らせてくれない。コンパクトカメラの望遠くらいでは、点しか写らない。

ドアを開けて足を地面に下ろすと、一斉に逃げ出す。どうも、足音で逃げるようだ。車の窓を開けてカメラを構えても、逃げることはない。でも、車から降りたら突然走って逃げる。なぜだろう。

「時間が遅くなったけど、森の中に入ってシカのいたらしいところを少し歩き回って、ヒルが上がってくるか調べてみよう」と、わたしは提案した。

「先生は、むごいことを言う。みんな血だらけになったらどうするの」

「絆創膏で手当てしたらいい」

「えーーっ」

仕方なくみんなは、懐中電灯と棒を手に、マムシに気をつけながら林に入り、二〇メートル四方ほどの範囲をゆっくり歩き回った。

「三〇分経ったし、そろそろ引き上げよう。道路に出てから、ヒルチェックをするよ」

みんな急いで道路に出てきた。途中で簡易チェックはしていたものの、やはり心配で、パジャマのズボンを脱いで互いにチェックし合った。しかし、ヒルは、一匹も上がっていない。たくさんシカがいたのに、どうして？

「シカがヒルをばらまくというのに、いないじゃん」

夜も更けてきたので、また調査することにして、研究所に戻った。もう、時計は日付が変わるところを指している。まとめのノートにはみんな、シカは見たけれど、ヒルはいなかった、と書いていた。シカがヒルをばらまいているという話は、おかしいと思い始めたようだ。

「シカがヒルを広めるなら、奈良公園の中はヒルだらけのはずだ」

「そんな話は、聞かないな」

「もし、奈良のシカにヒルがついていたら、修学旅行のときの注意事項に入っているはず」

「僕らのときは、そのような話は聞かなかった」

「若草山で、腰を下ろして食事をしていたが、ヒルにやられることはなかった。第一、ヒルなんていなかった」

「ちょっと、ネットで調べてみよう」

悠太郎が、調べ始めた。

「奈良のシカで、一件見つかった。わっ、これおもしろい」

「なに、なに」

みんな集まってきた。

「ほら見て、シカ小屋の近くで、カップルがデートしていて、血だらけになった、と書いてある」

「ええっ、そんなことなら、もっとたくさんの被害者がいるはずや」

央典の鋭い推理が炸裂する。

「もし、それが本当なら、若草山や奈良公園でヒルがいないとおかしい。芝生が短いからかもしれないが、一匹もいないというのは、おかしい」

「何か、薬をまいているのかな」

「もしそうだったら、立て札で知らせているよ」

「それより、いろいろなところでヒルに注意と言われているはず」

悠太郎が、さかんに県や観光協会などのホームページをチェックしている。

「どこにも、何も書かれていない」

「この記事は、作り話だな」

やはり、シカがばらまくという話はあやしいということになった。

別の日、研究のお世話になっている猟師さんと話す機会ができたので、シカとヒルの拡がりとの関係を話題にすると、猟師さんは強い調子で研究員たちに語りかけた。

「わたしは、シカが増やすというのは賛成しない。そんなことはまずありえない。シカを撃ったとき、その体にヒルがついていたのを見たことがない。シカの蹄の間にヒルがいるのは確か。が、そんなにいっぱいいるわけではない。少しは拡げる役をしているのかもしれないが、各地にばらまくほどのことはないとおじさんは思う」と、自信たっぷりだ。

「もう一つ言うと、シカやイノシシの皮膚は、太鼓の皮になるようなぶ厚いものや。その皮にヒルが取り着いたとしても、吸血できるわけがない」

「一度狩りにつれていってほしいなあ」と頼んでみたが、「小中学生はダメ。危険だし、法律にも触れる」と断られた。

ますます意を強くした研究員たちは、ヒルを広めているのはシカ、という通説に疑問を持つようになった。そして、主犯に仕立て上げられたシカの冤罪を晴らそうと、さまざまな資料をあたって、調査研究のヒントを求め始めた。

ヒルの研究をしているという人のサイトに、シカ説が載っていた。

平成一九年の某県の調査報告書によると、四一匹のヒルの血のDNAを調べたところ、そのうち二ホンジカのものが四五パーセント、イノシシのものが三二パーセントあったというのである。このデータ自体にも信じがたい部分があったのだが、別の公的機関の森林関係の報告書にも、このデータを活用し、シカがヒルの生息地を拡げているという説が展開されていたのを見て、唸ってしまった。ヒルの生息分布の拡大と、シカの生息分布が一致するというのがその根拠なのだが、これはかなり乱暴な推論である。どう考えても、シカを犯人に仕立て上げようとする意図が感じられる。

確かに、林業におけるシカの食害は深刻で、困る気持ちも駆除の必要性も理解できる。しかし、シカを悪者扱いするために、人が嫌いなヤマビルと結びつけようという考えには賛同できない。わたしは、いつも研究員たちにそう語りかけてきた。このサイトの閲覧数は非常に多い。こうした考え方が世の中に広まってしまうのではないかと危惧したわたしは、サイトの管理者に、DNA検査の詳細を送ってほしいと依頼した。

送られてきた元データを見て、わたしは驚いた。捕獲したヒル一五七匹のDNA中、シカが四五パーセントとあるのは、統計のマジックだったのだ。実際には捕獲数のほとんどが判定不能であり、判定できた四一匹のうち、シカと判明したのは一六匹。つまり、一五七個体中一六匹（約一〇パーセント）がシカの血を吸っていることがわかったということだ。これなら理解できる。これが、シカの冤罪のからくりだったのだ。判定不能が全体の四分の三もあるのに、残りの四分の一だけで計算し、シカを主犯のように扱うのは、どう考えても恣意的である。

わたしが、シカがヒルをまき散らした説がなぜ広まったのか、その核心に到達した様子を見て、子どもも研究員たちも、シカをはじめとする哺乳動物だけがヒルの生息地を拡げているのではない。もっと、効率的に拡散させているメカニズムがあるはずだ、と考えるようになった。

自然の仕組みは、極めて合理的だ。不自然なことは起こらない。一つひとつの出来事には理由がある。ヒルの生息地をもっと効率的に拡げている何かがある。これがヒル研の問題意識になった。

八月の猛暑の中、水沢にヒルを捕りに出かけたときのことだ。獣道へ行けば、ヒルに出会えるだろうと入道ヶ岳に向かう登山道を少し登り、そこに斜めに入ってくる獣道数本をつぶさに調べた。

登山道ではヒルをたくさん見かけたものの、獣道に入ると、ほとんど見かけない。シカがヒルをばらまくのなら、獣道でたくさん見つかってもいいはずである。

「おらんよ、ここは」

「五〇匹捕るのって、無理だ」

「登山道に戻ろう」

「獣道におるはずなのになあ」

「何匹見つけた？」

「おれ、ゼロ匹」

「僕は、獣道入ったところで一匹。あとはゼロ」

「もし、シカがヒルをばらまいているなら、獣道へ行けば、どこよりも多く捕れないとおかしい」

「それは、その通りだ」

「じゃあ、登山道まで戻って、少しヒル捕りをしよう」

登山道に戻ってきたが、先ほど捕ってしまったので、もういない。じゃあ、キャンプ場に戻って、ヒル被害の多いところに行こうということになり、河原まで下りた。

わたしは研究員たちに、「流れに気をつけて向こう岸に渡る。その奥まったところにシカが下りてきている。あそこに行こう」と促す。行ってみると、まだ新しそうな獣道が、崖の上から斜面に曲線を描くように川まで下りてきていた。大きいヒルがたくさんいる。欲の出た研究員が、獣道を上がっていく。

「先生、こっちはおらんよ。下のほうがたくさんいる」

猟師さんが、「シカは一日に一回は水を飲まないと死んでしまう。だから川の水飲み場に集まってくる」と言っていたのを思い出す。ここは、シカの水飲み場だから、ヒルが多いのだ、という結論になった。まあ、今日は、捕れるだけ捕ろうと、みんなで三〇匹以上捕った。

次の週もキャンプ場で遊べるので、スイカを持って同じところへヒル捕りに出かけた。前回くらいは捕れるだろうと期待を込めて、シカの水飲み場に向かう。

「今日は全然ヒルはいない」

「どこへ行ったのや」

「一匹も捕れへん」

「ずっと晴れて暑かったから、シカはたくさん来ているはずなのに、おかしいなあ」

「獣道が下りてきたところにヒルがいるというのは、違うのかな」

「先週、ここでたくさん捕れたよ」

「管理人さんも、ここでヒルの被害が多いと話しておられた」

「でも、今日はいない。どうして」

みんなのモチベーションは急降下、ヒル探しから水遊びへと移っていった。弁当を食べたらスイカも食べて、こんな日もあってもいいね、と午後は遊びに徹したのだった。

今回は二泊三日の合宿研究会である。シカの水飲み場でヒルがなぜ捕れなかったのか。夜もこの話題が繰り返し議論された。

三日目の朝、「もう一度行こう」と初日の場所に出かけたが、数匹捕れただけでおしまい。

「どうなったのだろう」

「獣が運んでくるというのは、嘘か」

「そうかもしれないね」

「だって、シカの水飲み場には、シカが毎日来るでしょう？　ヒルをつけたシカが水を飲んでいるときにヒルを落とし、また別のシカがヒルを拾っていく場所なのだと思っていた」

「どうも、その考えは、違うな」

いったいどういうことなのだろう。どうしても確かめたい。そこでヒル研は翌年、夜間の水飲み場にどんな動物が来ているのかを見るための機材購入のために、クラウドファンディングを行うことにした。最終的には八万円もの寄付が集まり、夜間でも撮影可能な監視カメラを購入することができた。商品が届くと、研究所の庭でテスト撮影が行われた。

深夜二時半頃、庭を訪れたキツネがバッチリ写っていた。

「すっげえ。キツネや」

「これだけ鮮明に写れば、いいねえ」

さっそく、ヒル捕り場に仕掛けに行く。二四時間撮影可能なモードに設定。夜間は、どんな動物が遊びに来ているのだろう。車中、研究員たちの会話は弾んでいた。

昼過ぎに仕掛けたカメラは、翌日の昼に回収した。はやる気持ちを抑えながら、大きなディスプレイに映像を映す。

「いたあ。なんやあれは」

「タヌキや」

「二二時だぞ。化かしに出てきたのかな」

次にやってきたのは、三人の登山者だった。朝の七時二〇分である。それまでの間は、何も写らず。

「何も写らないということは、ヒル捕り場に動物は来ていない、ということや」

「そうや。あそこにいるヒルは、動物が運んできたのではないということになるね」

「一回ではだめだから、これから何度かやって確かめよう」

梅雨に入ると、いつものヒル捕り場では、たくさんヒルが捕れる。そこで、その前にカメラを仕掛け、動物が運んでくるのかどうかを調べることになった。高価な備品なので、まずは一晩だけ試しに置く。午前一〇時に仕掛け、翌日の昼前に回収することにした。

ヒル捕り場の上のほうからシカ三頭が獣道をたどって下りてきているのが、写っていた。シカたちは林道上で数分遊んだあと、どこかに行ってしまった。それ以外は、一〇時に回収に行った研究員たちが写っていただけである。

シカは、たくさん来ていたわけではない。しかも、滞在していたのは短時間。これでヒルがたくさん落とされたとは、考えにくい。

次は一週間、ヒル捕り場にカメラを置いておくことにした。動物が近づいたとセンサーが感知すると三枚連続写真を撮影するモードに設定した。

梅雨だが、しとしと降るのではなく、夕立のようにざっと降っては晴れる、という天気が続いた。一週間が経った。期待に胸を膨らませて、カメラの回収に向かう。

一週間で動物が写っていたのは、次の二回だけであった。ある日の二二時過ぎに林道に遊びにきたシカ二頭。獣道から下りてきたのではない。別の日の二〇時頃、タヌキと思われる動物一頭が、獣道から下りてきた。たったこれだけである。

「シカの群れが走り回り、ヒルを落としていくというのは、どこの話なの」

「カメラ回収のときにも、ヒルは結構たくさんいた」
「でも、シカが遊んでいたのとは、別のところだよ」
「タヌキはヒル捕り場を通ったけど、そこで止まってない」
「動物がまき散らしたというのは、ますますおかしい」

では、何がヒルを広めているのか、そのことを調べる必要が出てきた。

このような調査を二年以上続け、動物がヒルを広めるという説には、かなり疑問が残るという結論に達した。それでは何がヒルを広めているのだろう。突き止めなくてはならない。

これまでの観察の中にたくさんのヒントがあったことに、お気づきだろうか。

ヒルは、斜面を流される

子ども研究員たちは毎年、十数回に分けてトータル八〇〇〜一〇〇〇匹ものヒルを捕る。最近、その数が少し少なくなってきているように思う。しばらく行かないと、また元のように数が回復する。

ヒルはどこから出てくるのか。その場に棲んでいて、土の中から湧き出てくるのだろうか。

「一体、ヒルはどこに隠れているのか」

この初歩的な疑問を解決するため、ひとまず宮妻峡でヒルの棲み処を掘り当てることになった。

一〇月中頃、山では朝夕一五度を割るような涼しさになり、ヒルもほとんど出てこない。いつもヒルを捕っているところに行き、スコップで土を掘る。その土をふるいの中に入れてゆすりながら、ヒルを探す。なんとも気の遠くなるような作業である。研究員は二人組になり、土の中からヒルを探そうと黙々と作業を進めていく。

「おらへんで」

「一〇センチ近く掘っているのに、それらしきものは何も見つからない」

「あっ、これ何や」

総大が大声を出した。みんなが駆け寄ると、「ほら、これヒルの卵の抜け殻や」。総大の指先に、一センチくらいの透明のハチの巣状の卵塊が載っていた。

「総大くん、どこにあったの」

「ここや。スコップで掘ろうとしたとき、その先で光ってた」

「わあ、いいなぁ」

みんな、これをきっかけにハッスルし、一時間ほど物も言わずに作業に当たった。しかし、その後は進展がなく、道端の腐葉土の中から一匹見つかっただけであった。

「ヒルはどこに隠れたんや。あんなにたくさんいたのに」

その夜のミーティングは、ヒルの行方の話題で持ちきりになった。

「どこに行ったのだろうね」

みんなから出てくるのは、このセリフだけだ。

「土の中以外、考えられる？」

「死んじゃったのと違うかな」

「それなら、春になって一斉に出てくることは考えにくいよ」

「どこかに隠れているんだよ」

手掛かりはまったくなく、この年は終わった。


翌年、新年度のヒル研の準備にみんなが集まったときのこと。ヒルを飼うのに使っていた大型水槽を洗うことになった。悠太が、ヒルが生きているかもしれないと言いながら、丁寧に落ち葉をは

冬になるとヒルはどこに隠れるのか。スコップで地面を掘り起こして探してみた。

がし始めた。ふるいに拡げて確認したが、落ち葉にも腐葉土にもヒルは見つからない。

「いないね。全滅したのだろう」

「砂の中にはいないだろう」

底に敷き詰めてあった厚さ二センチくらいの砂をかき混ぜた。

「あっ、おった。こっちにも、ほら」

悠太は、目がいい。次々と砂の中からヒルを見つけ出し、あたりは大騒ぎになった。

「これは、重大発見だぞ」

砂をかき混ぜて探すと、六匹が見つかった。

「数えてないけれど、去年の終わりには、実験で余ったヒルが二、三〇匹入ってたはずや」

「六匹も生きていたんや」

ということで、水槽に水を入れて砂を洗い始めた。またまた、悠太が叫んでいる。

「ちょっと待って。いるよ、まだ。ほらほら、泳いでる」

「本当や。ここにも。縁を上がってるのもいる」

全部で二〇匹近くが見つかった。

「ほとんど生きていたんや。しかも、砂の中で」

去年研究していたことが、一度に解決された感じがした。

「しかし、去年は地面を掘り起こしたのに、ヒルはいなかった。今年は、一番下の層として敷き詰めていた石灰石の砂の中にヒルはいた。これはどういうこっちゃ」

「地面は硬かったけれど、砂は押しのけて入りこめたのかも」

「それは言えるね」

「今年、ヒルは水槽の中で生きていた、しかも、腐葉土ではなくその下の砂の中で生き延びていた。そういう視点で、ヒルの棲み処を探していこう。見つけたら、世界初かもしれないぞ」

「でも、僕らが行くところには、こんな砂地はないよ」

「小石ならゴロゴロしているけれど、その中から出てくることあるもんね」

「ここが棲み処だ、というところを見つけてみたいね」


ヤマビルシーズンに入り研究にも熱が入ってきたある日、大型の海苔の瓶にヒルを入れて、どこに棲むかを見てみようということになった。瓶の底から四センチほどまで石灰岩の砂を入れ、その上に二センチくらい腐葉土を入れ、さらにその上に落ち葉を敷き詰める。そうして、ヒルを五匹投入した。

翌朝、瓶を横から見ると、砂の層までもぐり込んで、じっとしているヒルがいた。二匹は上のほうにいたが、二匹は砂の層にもぐり込んでいた。

蓋を開けて息を吹きこむと、ヒルたちは息をめがけて上がってきた。瓶の底からも出てくる。

「砂の間から出ていくよ」

すぐ蓋を閉められたヒルは、しばらくするとまた下にもぐっていった。観察していた悠太の目の前で、砂の中にすうっともぐっていく。

「砂に入っていったよ。押しのけるというより、すき間を探して入っていく感じ」

「これで、ひとまず確認できたね」

「実験室的には確認できたので、今度は野外では実際にどうなっているのかを調べていくことにしよう」とわたしが提案し、野外に目を向けることになった。

考えてみれば、いつもヒルを捕りに行く林道にしても、そこら中にヒルがいるわけではない。たくさんいるところは決まっている。研究員たちはヒルのいる場所に直行していて、途中の道にヒルがいるか探したことはなかった。いつも行く林道でヒルのいる場所は、二、三か所しかない。その中で特に多いエリアを「ヒル捕り場」と名づけ、捕らせてもらっていたのだ。

ヒル捕り場の前には、急な崖がある。崖の上から下に向かって、獣道が三本作られていて、ちょうど下りたあたりにたくさんのヒルがいて、ヒル研の実験に協力してくれているのである。獣道にたくさんヒルがいるので、ヒルは獣によって運ばれてきたのだろうと考えていたのだった。

最初の頃は、たくさん捕れるいい狩場ぐらいにしか思っていなかったが、丁寧に林道を観察しながら歩くと、その理屈では説明がつかないことがいくつか出てきた。

まず、獣道をたどって上のほうに進んでも、ヒルはいないということ。別の場所の獣道を歩いてヒルを探しても、見つかることはない。

「獣道の終点でないと、ヒルはいないのかな」

「この前、渓流釣りに連れていってもらったとき、河原にヒルがいたよね。あのときも、僕らは獣道を下りていったけど、途中ではヒルは見なかった。それなのに、河原に着いたらヒルの攻撃を受けたよね」

「ということは……。獣がつけてきたのではない、ということになるね」

「いや、水を飲みにシカが来るので、そこでヒルが落ちると聞いたよ」

「シカは一日に一回は水を飲まないと、死ぬらしい」

「獣道の終点のような場所だけヒルがいる、というのは、どのように説明するの」

「僕たちのヒル捕り場は、シカが水を飲みに来るところではないよ。ただ、獣道が林道に出てきているだけだよ」

「ということは……」

「獣ではない何かが運んできているのだと、考え直さないといけないよね」

「ということになるね」

二〇一八年六月、連日雨が降らず高温で、ヒル捕り場もカラカラに乾いてしまったことがあった。乾燥は二週間以上も続き、さすがにこれではヒルも干からびて死んでしまっただろうと思われた。研究員たちは、ヒルが全滅するのを喜ぶどころか、ヒルが捕れなくなるのを残念がっていた。研究を続けるためには、またヒルのたくさん捕れる場を探さないといけない、とわたしも嘆いた。

ようやく、待望の雨が降った。そこで研究員たちを連れ、ダメもとでヒル捕り場に出かけた。二日間の集中豪雨のおかげで、林道にも落ち葉などがたくさん流れてきている。いかにも雨が降った後という感じである。

ヒル捕り場に向かう途中の林道で、允義がヒルを見つけた。しかも、道の真ん中で……。

「生きてるやん。ヒル、おるのとちゃう?」

「土の中にもぐっていて、出てきたのかな」

「この下はコンクリートだよ。もぐってはないな」

「道端の土の中から出てきたのかもしれないね」

そうこうするうちに、ヒル捕り場に着いた。

「いるいる。たくさんいるよ。ほら」

「すごい。どこから帰ってきたのや」

あっという間に五〇匹ほどが捕れた。

「これは、雨と関係があるよね」

「そうだけど、土の中に隠れていて、一斉に出てきたのかな」

「そんな気持ち悪いこと、起きないよなあ」

「だって、先日あれだけ探したのに、いなかったんだよ」

もう少し先まで行ってみた。ここは、以前からヒルのいないところである。今回も探したが、数匹見つかっただけで、わんさか出てくることはない。「捜索隊、獣道を上れ」と、わたしがふざけて刑事ドラマの主人公のように号令をかけると、みんなはヒル捕り場から伸びる三本の獣道を、分かれて上り始めた。

「おらんよ」

「こっちもいない」

「あっ、一匹いた」

という程度で、ヒル捕り場から二〇メートルくらい獣道を上ったが、ヒルは捕れなかった。

その夜、研究所に戻ると、今日の現場図を描いてみんなに問題を出してみた。

- 獣道の上のほうには、ヒルはいない。
- 獣道が下りてきた林道上にヒルはたくさんいる。
- 林道上も、この獣道が下りてきたところ以外には、いない。

「さて、ヒルをここに運んできた犯人は、だれか」

刑事ドラマの続きである。

「先生は、わかってるの」

「たぶんホシはあいつだろう、というのはある」

「僕も、もしかして、もしかだけど、水?」

「水?　水に乗ってくるの」

「うん。獣道に水が流れてきて、それに流されてくると考えると、イメージがつながらない?」

「うーん。そうか。ありだね」

わたしはパソコンで天気予報をチェックした。

「その案、いただき。明日は午前中雨らしいから、現場検証に行こう」

「先生、ドラマの見過ぎだよ」

「いや、刑事ドラマで犯人を追い詰める手法と、科学検証の仕方は、とてもよく似てるぞ。ヒントになるんだ」

翌朝、予報通り、雨がかなり降っていた。研究員たちはカッパを着て完全装備で、現場検証に向かった。現場に着くと、

「獣道が小川になっている。他より雨がたくさん集まって、川みたい」

「ここに網を仕掛けたら、ヒルがたまるかな」

「それほどは流れてこないよ」

「あっ、足元にヒルがいる」

「俺の足にも二匹上がっている」

「結構たくさんいる」

「やっぱり、水で流されてくるんだ」

「あっちの獣道を見てくるわ」

普段ヒルのいないところを見に行った子もいた。

「いない、こっちはいないよ」

「どういうこと？」

「推理小説やなあ」

「まるで『名探偵コナン』や」

雨の日こそヒルの調査びより。

「コナンの推理によれば、ヒルは水によって上から流されてきた」
「ふんふん」
「ここはいるけれど、向こうの獣道にはいない」
「ということは」
「ということは、この獣道の上にヒルのたまり場があるということになる」
「そうだな」
「それが見つかれば、ヒルは雨で流されて、ここにたまったと言える」
「なるほど」
「この上の調査が必要ということか」
「やってみたいけど、この崖じゃ上れないね」
登山地図によると、ヒル捕り場より少

し先のところに狗留孫岳へと続く登山道がある。そこから登れば調査できる。

登山道にはたくさんの水が流れた跡があった。水のスピードが緩む場所が数か所あり、落ち葉がたまっている。そこを通り抜けようとしたときだ。ヒルがひっかかっている。よく見ると、すべての落ち葉だまりに三〜五匹ずつのヒルがいて、こちらに向かってくる。落ち葉だまりと落ち葉だまりの間には、ヒルはいなかった。

「これは、決定的な証拠だ」

「水でヒルは流されて拡がる。大発見だ」

「ヒルが流されてきたということは、この上にヒルがたくさんいるところがあるはずだ」

みんな勢いづいて、登山道を登っていく。途中、落ち葉だまりを通るたびに、ヒルが確認できる。

林道から三〇メートルくらい登ったところに、平らな広場があった。

「うわっ、いっぱいヒルがいる」

「これはすごい。小さなものから大きなものまでいるぞ」

「ここは、悠太郎くんが予言していたヒルスポットと違う?」

「そうだ。平らでヒルがいっぱいいて、増殖にも適した場所だ」

「ヒルスポットだよ」

ヒル研のメンバーでも逃げ出したくなるほどの、ヒルの攻撃に遭った。小さいものから大きいもの

ヒルが山中の平らなところに水で流されてきてたまるヒルスポット。

まで、それはすごい数だった。あっという間、わずか一〇分ほどの間に、中から大サイズだけで、一〇〇匹は捕れたのである。

ヒルの生殖を研究してきた悠太郎は、かねてからその発表で、「ヒルは交接機会に恵まれにくい生き物であり、移動距離が短いため、栄養を吸い取る宿主動物と出会う機会も少ない。ひとところにまとまって生活しない限り、子孫を残すことは大変難しいはずだ」と、ヒルスポットの存在を予言していた。今回、それが見つかったことになる。

この広場、地面が平らで、一〇平方メートルほどの広さがある。水が流れてきても、必ずここで流れが止まるから、水と一緒に流されてきたヒルも留まることができ、交接機会が増える。平らなので、シカなどの動物も遊びに来やすい。ヒルが増殖するには、非常に都合がよい場所だ。

「ここはヒルスポットである。そう名づけよう」

下山途中、林道脇を水が流れていたので、今捕ってきたヒルを流してみた。すると、ヒルは水の中を流れていったが、カーブのところでたまっていた落ち葉につき、陸に上がってきた。ヒルが水の中を流れていくのは間違いない。

シカがヒルを広めているという俗説の論拠は、ますます怪しくなってきた。シカがいるところにはヒルがいる、とまで言われ、シカがヒルを広める最悪の動物のように喧伝されているが、決してそうではない。これはなんとかしてシカの冤罪を晴らしてやらねば、と研究員たちは燃えてきたようだ。

従来は、次の四つの理屈が可能性として考えら

実際にヒルを水に流してみた。

れてきた。

シカがいるところに　↓　ヒルはいる
シカがいないところに　↓　ヒルはいない
ヒルがいるところに　↓　シカがいる
ヒルがいないところに　↓　シカはいない

しかし、これらはすべて正しくなかった。

以前、ヒル捕り場に監視カメラを仕掛け、動物が来るかどうかを調べた際には、一週間でカメラに映った動物は、シカ二頭、タヌキ一匹だけだった。しかも、来たのは一回だけで、数分遊んだだけで、どこかへ行ってしまっている。かれらが四〇匹ものヒルをばらまいたとはとても考えられないし、獣道が下りてきたところだけヒルがいることの説明がつかない。

やはり、シカではなく水の働きでヒルは拡散しているのである。

そこで、研究計画を変更することにした。狭い場所だけでなく、山全体を見るのである。

次の研究会前の六月二七日、集中豪雨と言えるほどの大雨が降った。山の川も増水していたので、みんなが集まるとすぐ、ヒル捕り場に急行した。途中の林道にもヒルはおり、研究員たちは期待に胸を躍らせて、ヒル捕り場に急ぐ。

「先生、いるよ。大きいのも」

「わあ、いっぱいいる」

「その周囲の様子もしっかり観察して」と、アドバイスした。

塚志が、獣道をじっと観察している。

「この獣道を動物が通った跡はない。こっちの獣道にもない。つまり、獣はここから下りてきていない。だから、ヒルを連れてきたのは動物ではない、ということになる」

塚志独特の言い方で、みんなに話しかけている。塚志はギリギリ上れそうな五メートル上まで行ったと思うと、「おかしい。もっといてもいいはずだが、三匹しかいない。これはどうしたことなのか」と言いながら、下りてきた。わたしが「残りの二本の獣道を調べてみて」と言うと、みんなが一斉に上り始める。結果はやはり、塚志の言うとおりだった。なぜ獣道の途中ではなく、下にヒルが多いのだろう。

翌週は、小雨程度の日があっただけで、ヒルは数匹しか捕れなかった。台風が来たのは、そのあとのことだ。ヒル研にとっては好都合の雨台風で、土砂崩れ警報が各地に出た。

ヒル捕り場にも、かなりの雨が降ったようだ。さっそく、ヒルを捕りに出かける。今回は、あっという間に七〇匹ほどが捕れた。

「雨と深い関係がありそうだね」

「雨が降ると出るのではなく、大雨が降るとヒルが捕れる」

「この視点で、しばらく観察を続けていこう」

わたしはそう指示した。継続観察ということだ。

「上から斜面を流れ落ちてくるとなると、どこかにヒルの多い場所があることになる」

「じゃあ、上り口をさがそう」

林道をもう少し進んだところに、登山道がある。それを上れば、上に行けるかもしれない。登山道は、すぐ見つかった。人一人通れるくらいの幅で、結構急である。たかが一〇メートルほどの長さだが、かなりの数のヒルがいる。足を止めると、すぐに数匹が上ってくる。

「はよ行け、ヒルにやられるやん」

登山道の入口から、二、三メートルほどのところに落ち葉がたまっていて、水が一度堰き止められた形跡がある。そこを通るたびにヒルが上がってくるのだ。立ち止まるやいなや、カッパの上を上ってくる。かなり数が多い。

「あっ、平らなところに出たよ」

「ここは何かの跡かな。奥のほうに小さな鳥居があるよ」

鳥居に気をとられているうちにも、みんなの足には大小さまざまなヒルが上りかけていた。

「小さいのから大きいのまで、いっぱいいる」

「これは、たまらん」

「ここか、以前話していたヒルが増殖する場は」

「僕たちは、ヒルスポットを見つけたんだ」

「でもさ、でもここに集まっているヒルは、どこから来たの。ここで増殖しているのかな」

「この総攻撃は、たまらん。もう少し上にも行ってみようよ」

膝から上にヒルが上がってこないように、デコピンしながらヒルを下に落としていた。ヒルスポットの周りを廻るように登山道は続いている。少しヒルは減ったが、ヒルスポットの真上に当たるところに着いたら、またまたたくさんの大きなヒルに出くわした。

「今日はもうやめよう。これは手に負えない」

「下に行こう、下に」

「ここから水が流れ落ちているのは確かだから、さらに上にもヒルスポットなるものがあるはずだ」

「あそこは坂になっていたので、あれをさらに上るともう一つのヒルスポットがあるかも」

ということで、この日は体に上がってきたヒルを一〇〇匹ほど捕ると、研究所に戻った。

「あれはすごかったね」

「ヒルに慣れた僕らがお手上げなんだから、相当だよなあ」

「崖の高さは一五メートルはあった。ヒルが自分で落ちてきたとは思えない」

「押し合いして負けたのが落ちて来たんじゃない？　ハッハッハ」

「でもさ、あそこに大量の雨が降って流されたと考えると、あの付近一帯にあっという間にヒルが拡がるのは当然だね」

「どんなにシカが運んだって、あんなには広まらないよ」

「これで、ヒルはシカではなく水で拡がっているという説明がついたね」

ヒルは山のどこにでもいるのではない。特定の場所に集まっているのである。その集まっているところを詳しく調べると、崖の下などが多い。崖の下には獣道が下りてきていることが多いため、獣がヒルを拡げたと誤解されていたのだ。

獣道には、ヒルはほとんどいなかった。ヒルは獣道や林道が下りてきたところに集まっている。崖を流れてきた水のスピードが急激に落ちるところに、ヒルがたくさん集まるところがある。ヒルは水で運ばれてくるからこそ、このようなところに集まるのである。

この膨大な研究をまとめ、発表したところ、水の流れていかないところにもヒルはいるよ、とメールやご意見をいただいた。

その通り。研究員たちは、ヒルをばらまく張本人のように言われているシカの冤罪を晴らしてやりたいとの思いから、動物以外の視点でヒルの拡散を調査研究してきたのであって、これでヒルの拡がりのすべてを説明できるとは思ってない。水の働きも無視できないぞ、ということを提起しているだけである。

台地にも、ヒルはいる

研究発表会を聞いていたおじさんが、帰りに子ども研究員に近寄り、こう話しかけてきた。

「君たちの発表を聞いて納得した。水の力で拡がるというのは、驚きだった。でもね、おじさんの家は高台にあって山からの水は来ないところなのに、梅雨の時期になるとヒルがいるんだよ。洗濯物を干している間にやられるんだ。昔はヒルはいなかったけれど、一〇年くらい前から被害が出るようになった。君たちの説では説明できないのだが、動物にくっついて拡がっているというのもありではないのかな」

発表者の琢志は、にこにこしておじさんのほうを見た。

「あのう、暖かくなったら見に行ってもいいですか。水は関係ないと思いますが、動物かどうかをはっきりさせたいんです」

「ああ、いいよ。君たちの研究材料になるのなら、喜んで受けましょう。ぜひ見に来てください。いつでもいいですよ」

「ありがとうございます。先生に言っておこう」

「ああ、付け加えておくとね。わたしの庭には大きな木があって、毎日決まった時刻にサルが一〇頭ほど遊びに来る。半時間くらい遊んでどこかに行ってしまう。木と屋根の間をポンポン飛び移って遊んでいるんだ。見ているとかわいいけど、そのサルにヒルがついてくるのではないかと思っている。わたしの庭には、シカは一頭も来ない。大型動物で来るのはサルだけ。ぜひ調べてください」

　おじさんはそう言い残して、去っていった。

　発表会の後、研究員たちはロビーに集まり、この件について話し合った。

「サルがヒルを拡げているということだけど、あの毛深いサルにヒルがつくかな」

「おじさんの近所の家にも、ヒルはいるのだろうか」

「この前、猟師さんはサルについているのを見たことない、と言ってたよ」

「サルって、あまり地面に下りないんじゃない？　だとしたら、どこでサルにつくのかな」

「地面にどっかり腰を下ろして、よく餌を食べているから、お尻につくのかな」

「赤いお尻が、血だらけになるのかな」

「僕たちもやられるけど、あっという間につくと思うよ。指と指の間の皮膚の薄いところなら、簡単につくことができて、案外気づかれないのでは。そして、屋根や木の上を飛び歩いているうちに、落ちる」

「その推理、きっと正解だよ」

帰りの車の中も、にぎやかだった。

翌年の五月初旬、そのお宅を訪ねた。一〇軒ほど並ぶ民家の中央だ。道路との境には細い水路があるだけで、庭には草が自由に生え乱れている。まずはお宅で話を聞かせてもらうことになった。

「ここは鈴鹿山脈の扇状地で、家の裏には川が流れています。我が家の裏は、庭に林が少しあるだけで、その先は崖っぷちです。裏庭を通って倉庫に行くわずか一〇メートルの間にヒルにやられてしまうんです。この前も話したかな。庭にはサルが来ます。一〇頭ほどがニッケイの大木にやって来ては、遊んでいます。半時間も経てば隣に移っていくのですが。それくらいしか、大型動物は来ません」

とにかく、現場を見せてくださいということで、みんなで家の裏に廻った。裏の勝手口に足を踏み入れると、大きなヒルがにょきにょきと頭を振って大歓迎してくれている。

おじさんが「もう見つけたのか。よく見えるねえ」と感心する中、研究員は次々とヒルを捕まえていく。一〇分ほどで二五匹が捕まった。息を吹きかけながら丁寧に探すとさらに出てきて、捕獲数は三五匹に。どのヒルもサイズが大きく、ここで生まれたとは思えない。

「三五匹捕まえました。丁寧に調べましたが、これで捕り尽くしたようです」

「そんなにおったかな。ありがとう。また梅雨の頃に来ておくれ。うちはいつ来てもらってもいいので、自由に調べていっておくれ」

おじさんがそう言ってくれたので、来週また来る約束をした。おじさんは明らかに、サルがヒルを運んでくると思っている。そこで、庭に監視カメラを仕掛けさせてもらうことにした。一週間、動物が連続して来たらシャッターが切れるよう、セットする。サルが大木に遊びに来て、飛び回る様子がきっと写るはずだ。そのあとに行けば、ヒルが落ちているのではないか。そう予想したのだ。

数日後、おじさんから、サルが来たとの連絡が来たので、さっそく庭を調べにいくと、一〇匹ほどのヒルが見つかった。これならカメラを仕掛ければ、サルの姿も捉えられるだろうし、ヒルも捕まえられるだろうと期待が高まる。研究員は何度もカメラをテストし、十分確認した上で帰った。

一週間後、カメラを引き上げ、さっそく映像を確認する。夕方や早朝にシャッターが切れたようだが、動物らしきものは写っていない。おじさんが倉庫に物を取りに行った姿が数回写っていただけである。庭のヒルも点検したが、三匹捕れただけ。これは、前回の取り残しかもしれない。

その後も数回、同様のことを試したが、おじさんは「最近サルが来ないのだ」と言う。少し方法を変えて、近所のお宅を訪問し、聞き取り調査をさせてもらうことにした。

どのお宅の庭にも、五〜二〇匹のヒルがいた。みんな口々に「サルが運んでくるが、最近サル追い

人家周辺でもヒルが多い場所がある。

が徹底して、遊びに来る回数が極端に減った」と言う。お寺の庭の砂の中にもヒルが何匹もいた。ご住職によると、「ブロック塀にサルが遊びに来る。でも最近はあまり来ない」とのこと。

決定的な証拠がつかめないまま、高台のこのお宅では、ヒルを運んでくるのはサルしか考えられないということで、ひとまず決着とした。継続観察して、もう少し調べる余地はありそうだが。

家の中にもヒルが

ある日、野外で活動していると、ヒルの多い地域の農家の人が話しかけてきた。

「車のボディにヤマビルって書いてあるが、何をしているのや」

「ヤマビルの研究です」

「あんなもの研究して、どうするんや」

「生態を研究して、ほとんど知られていないヒルの正体を見つけたいと思っています」

「おまえら、学者やな」

「ヒルの情報があったら教えてください」

「このあたりは、昔からヒルが多いのや。昔は藪や林の中にしかいなかったのに、この頃は屋敷で草取りしてると、しょっちゅうやられる。田んぼのほうに犬を散歩に連れて行くと、三〇分くらいで犬の足や腹に二、三匹ついてくる。もう大変や。帰ってきてよく見てやらないと、出血しているからな」

「見てみたいね。ヒルが犬の体についているのを」

「猫もつけてくることがあって、そこから家の中に落とされることがある」

「へえ、夜寝てるとき、吸われへんの。朝起きたら、血だらけってことはないのかな」

「しっかり玄関でヒルを払って中に入るんやが、最近は、家の中をヒルが歩いとることもあるな」

「へえ、そうなんですか」

「塩振りかけたりして殺してる。あいつ、踏んづけてもつぶれへんな。タバコの火を近づけると死ぬけどな」

「ゴムみたいで、簡単にはつぶれません」

「そうやな。まあ、しっかり研究して、おじさんにも教えておくれ」

そう言って、おじさんは去っていった。この地域では相当昔から、ヒルが嫌われているようだ。

また別の人で、田んぼのあぜ道に犬の散歩に行ったら、犬が顔中ヒルをつけて帰ってきたことがある、と自慢している人にも出会った。「今度そういうことがあったら、ぜひ写真に撮って送ってください」と研究員がお願いすると、「ダニは、しょっちゅう上がってくるけど、ヒルは天気によるからなあ」と、確約はしてもらえなかった。

このあたりでは、民家の中までヒルが入り込んでいるというが、ヒルのほうから「ここには人や動物がいるだろう」と察知して、家の中に入ってくることは絶対にない。何かについて入ってきているのだ。「しっかり服をはたいて、ヒルがいないことを確認してから室内に入るから、ついている可能性はない」と言う人もいるが、ヒルは、はたいたくらいで簡単に外れたりはしない。服の縫い目や織目に入り込んでいた場合には、洗濯機の中まで一緒ということもあるほどだ。

こんなおもしろい話がある。央典くんがヒル捕りをして家に帰ると、お母さんはいつも玄関で待ち構えていて、彼の体を隅から隅まで点検し、上着とズボンを脱がしてから、家の中に入れていた。その日もいつものように、お母さんは彼が脱いだ衣服をすぐ洗濯機に入れ、洗剤を入れて洗濯・脱水をし、外に干した。お母さんが洗い場に戻ると、ヒルが床を這っていた。

「キャーッ！　央ちゃん。来て、ヒルがいる」

お母さんの叫び声を聞いた央ちゃんは、洗濯機のところに飛んでいった。

「これ、これ見て」

お母さんの指さす方向を見ると、ヒルがシャクトリムシ運動をしながら歩き回っている。

「早く、何とかして。ヒル研でしょ」

「はいはい」

子どもをヒル研に入れておきながらお母さんは、大の虫嫌い。ましてやヒルなんて、もう、それは、それは……とんでもない話です。央ちゃんは、ヒル研でマスターしたヒル捕り術を駆使して見事ヒルの処理に成功、家庭内での株を急上昇させたそうだ。

この種の話は、枚挙にいとまがない。ヒルの多い地域では、もはや日常茶飯事である。

家の中になぜヒルがいたのか。それは何かにくっついて入ってきたのであり、ヒルの意思で入ってきたのではない。それだけは、はっきりしている。

国際的研究論文とコラボするヒル研

二〇二〇年六月のある日、東京農工大の大学院でヤマビルの研究をしている森嶋佳織さんが、子どもヤマビル研究会を訪ねてきた。

森嶋さんは、専門である森林学の視点から、ヒルがなぜ全国に拡がっているのかを研究しているという。ヒルの生態を観察し、自然の仕組みを解き明かそうとするヒル研とは、アプローチの方向が真逆である。彼女は、ヒルの拡がりはシカによるところが大きいと考えていたが、子ども研究員たちは、シカが家の裏にまでヒルをばら撒きに来ているとは思えない、というスタンスなのだ。

その森嶋さんの論文「ニホンジカの分布の有無とニホンヤマビルの吸血動物との関係性」が、イギリスの科学ジャーナル「Ecology and Evolution Vol.9」に掲載されたと連絡を受けたのは、ヒル研の研究日の前日のことだった。ヒルの体内残留血のDNAを解析したところ、吸血宿主としてシカ以外にカエルの割合が高いことがわかったという。わたしは子ども研究員たちが来るのを、そわそわしながら待った。

「おい、みんな、ビックニュースだ」

そう言って、論文のコピーを手渡した。研究員たちは、何のことかよくわからず、ポカンとしている。

「森嶋さんの論文だよ。とてもおもしろいから、読めるだけ読んでごらん」

みんなで論文を丁寧に読み直してみると、その結論は驚くべきものであった。

もともとヤマビルは、カエルを宿主として共存していた。そこに、大量に増えたシカが割り込んできたため、ヤマビルは、カエルよりも栄養価が高いシカへと宿主を変更していった。カエルに比べてシカの移動範囲は格段に広く、その結果、ヤマビルが全国に拡がったと考えられる、というのだ。

「えっ、カエルの血を吸ってたの？」

「本当かな。どうやって変温動物のカエルのことがわかるのかな」

ヒルは本当にカエルの血を吸うのか。子どもたちの目が、確かめてみたいという好奇心で輝いてきた。

「僕らもやってみよう」

そこで、合宿の夜、近くの田んぼにカエル捕りに出かけた。あまり大きなカエルは見つからなかったが、三匹捕って帰ってきた。カエルを入れた飼育瓶にヒルを五匹投入してみた。すると、何が起きたというのか、カエルが大暴れし始めた。騒動は一時間以上続いた。瓶の中をよく見てみると、ヒルがカエルの足やおなかに吸いつきに行く。そのたびにカエルは振り払おうと暴れ出すのだった。

翌日まで、そのままにしておいた。子どもたちが寝ている傍で、カエルは数分おきに暴れている。

朝になると、カエルが一匹、ご昇天あそばされていた。あとのカエルもぐったりしている。カエルを瓶から取り出して調べてみたが、吸血された跡は見つからなかった。かわいそうなので、逃がしてやった。

別の日に再度やってみようと、カエル捕りから始めた。少し大きめのカエルを二匹捕まえ、同じようにヒルを入れた。今度は、数分でヒルが一匹のカエルのお腹に吸いついた。研究員たちは、大騒ぎだ。ヒルがカエルに吸いついている場面を動画に収めようと、スマホやビデオを急いでセットしている。

カエルにヒルがくっついて吸血した。

ヒルは、なんと三〇分以上も吸血していた。カエルはその間、じっとしていて動かない。ヒルは確かに吸血運動をしているが、人間から吸うときのように、急激に太っていくことはない。吸血量が少ないからだろう。

ヒルは、カエルの血を吸う。新事実を見せつけられた。

「シカの前に、カエルがいたのか!」

「大昔は、ヒルとカエルが一緒に生活していたの?」

「そうだよね」

「そこにシカがやってきた。ヒルが浮気をしたということ?」

「シカは移動範囲が広いので、あっという間に全国に拡がった、ということか」

子ども研究員たちはその研究結果から、山の高いところにいたヒルが、大雨が降るたびに斜面、特に登山道や獣道などを水と一緒に流れることで、拡がってきたと考えていた。山の高いところへ運んできたのがシカだと考えると、つじつまが合う。

さっそく森嶋さんに、メールでヒル研の考えを伝えた。すると森嶋さんから、「ヒル研は狭い範囲におけるヒルの拡がりを研究し、わたしは日本という広い範囲のヒルの拡がりを研究しているので、二つをつなぎ合わせると、ヒルの拡散について一つの大きな仮説が生まれる」との返事が来た。

「僕らって、すごいことをしてるんだね。世界的な論文の一部分を研究しているんだもの」

「他の誰もやっていないことをやっている俺たちは、すごいや」

ヒルで魚釣り

わたしの知人で渓流釣りを趣味とする弓矢さんから、「今度子ども研究員たちを、釣りに連れていってあげよう。ヒルがうじゃうじゃいるから」という連絡が入った。ヤマメやアマゴがたくさん釣れる渓流にヒルが多く、釣り人たちが困っているという。

研究員たちに知らせ、五月末の暖かい日に連れて行ってもらうことになった。早朝に山に着くと、車を駐車場に停めて、川沿いに一キロメートルほど歩く。コンクリート舗装のされた林道だ。山の仕事の人の車が時折通る程度で、一般車は立ち入り禁止だが、弓矢さんの紹介で中に入れてもらった。上流に向かって左側が崖になっていて、頭上には木々が茂っている。右側は渓流が勢いよく流れている。この日の気温は二四度、地表温度は一八度、湿度六〇パーセント。落ち葉が道路の端に十分たまり、しっかり湿っている。ヒルが出てくるには十分な条件である。

左側が崖から急斜面に変わったあたりに、上から下りてくる獣道を見つけた。その下りてきたところを探せば、ヒルはいる。ものの一〇分で大きなヒルばかり二〇匹ほどが捕れた。弓矢さんは、「こんなにいるのか」と驚いている。「これではしっかりヒルガードをしないと、血だらけになるのは当然だ」と、納得した様子だ。

弓矢さんが大きなアマゴを四匹釣ってくれた。夕飯の一品として、皆でおいしくいただいた。

翌年も弓矢さんに渓流釣りのお誘いをいただいた。渓流釣り仲間の間では、今年はヒルが少ないという噂だった。雨が少なかったせいか、行ってみると、確かにヒルはいない。

少し奥に入ると、崖から水が染み出していて、コケが生えているところがあった。そこを探すと、中くらいのヒルが何匹も見つかった。

「これをエサに、魚を釣ってみたい」と允義が頼むと、弓矢さんは「いいよ」と、釣竿を貸してくれた。子ども研究員たちが弓矢さんのところに集まる。

「俺は、ヒルはよう触らないから、お前らでつけろよ」

「僕やる」と三人が取り合いになり、ジャンケンで順番を決めた。

「吸盤のほうに針を刺すといいと思うよ」

「動くので口には刺せない」

「やった、やった。できたよ。ほら」

允義が得意そうに見せびらかしている。川に投げ入れると、すぐ当たりがあった。一回目は途中で逃げられ、二回目は釣り上げたと思ったら、途中で落下してしまったが、魚はヒルにかかるらしい。

選手交代して、竿を下ろす。しばらくするとみんな上手になり、八センチほどと小さな魚ではあるが、どんどん釣れるようになった。しかも驚くことに、ヒルは何匹釣ってもぴんぴんしている。普通は高級な幼虫などをエサにしているそうだが、すぐ食われてしまい、エサの付け替えが何度も必要になるので、結構高くつくそうだ。でもヒルなら一匹で何度でも釣りができる。そのへんにいくらでもいるので、エサ代はタダだ。

「これ、売り出したら儲かるぞ」

「これを触れる釣り人はいないなあ」

「なんで。こんなの、ちょっと慣れたら簡単や」

そんなおしゃべりをしている間に、アマゴの子どもを二〇匹近く釣り上げてしまった。まだ小さいのでリリースしたが、それにしてもよく釣れる。しかも、たった一匹のヒルで……。一度もとられていない。

最後の一投のつもりで釣り糸を垂らしたところ、当たりがあった。釣り上げようとすると、とても強い引きだ。これは大物だと、みんなが釣り糸を見つめた。すると、水から出てきたのは、なんと石だった。釣り糸の先端にいたエサ役のヒルが、小石にしっかり吸いついていたのだ。なんとも漫画のような出来事である。

「ヒルが石を釣ってきた」

みんなで大爆笑。

「今日は、ヒルで魚が釣れることがわかったね」

「これって、釣り人は知らないいんじゃない？」

ヒルでアマゴを釣りあげた。結構よく釣れた。

「こんなこと思いつく人間は、ヒル研の子しかいないよ」
「これを逆から考えると、魚はヒルを食べるということだよ」
「ここまで流れ落ちてきたヒルには、魚の餌になっているのも多いんじゃないかな」
「そういうのもありだね」
「水の中では魚のほうが強いよ、きっと」
「水中における食物連鎖までわかってくるかもしれないね」
「すごい発見の一日だ」

今回は快仁研究員に、ヤマビルの皮膚の強さについて調べた、楽しい実験の様子を紹介してもらおう。

餌にしたヒルが川底の石を吸いつけて上がってきた。

ヒルヤスミ ヒルの皮膚は強い——快仁

みなさんは、ヒルにやられた経験はありますか。一度でもやられたことがある人ならきっと、「このにっくきヒルめ！」と地面にたたきつけ、憎しみを込めて踵でグリグリと踏みつけたことがあると思います。それでも奴は生きていて、土の中から這い出してきますよね。「なんとしぶとい奴だ」と、コンクリートの上に持っていき、さらに石で数回たたいて、ようやく憂さが晴れたという人もあるでしょう。そうなんです。ヒルの皮膚はものすごく強くて、簡単にはつぶれないのです。

ある日、先生が「ヒルを引っ張ってちぎることができたら、アイスを買ってやる」と言ったので、片手で頭を、もう片手でお尻を掴み、思い切り引っ張

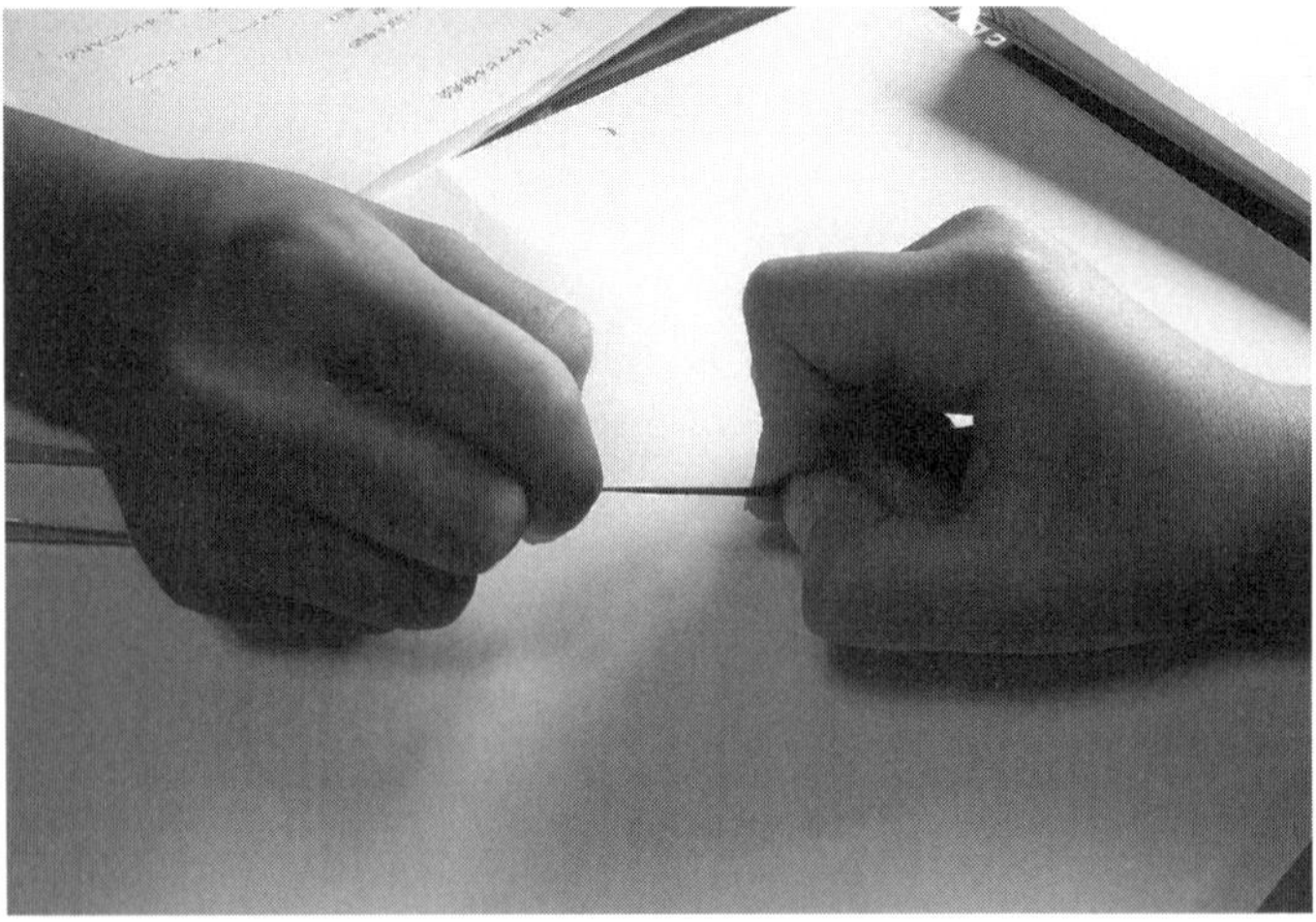

ヒルを引っ張ってみる。

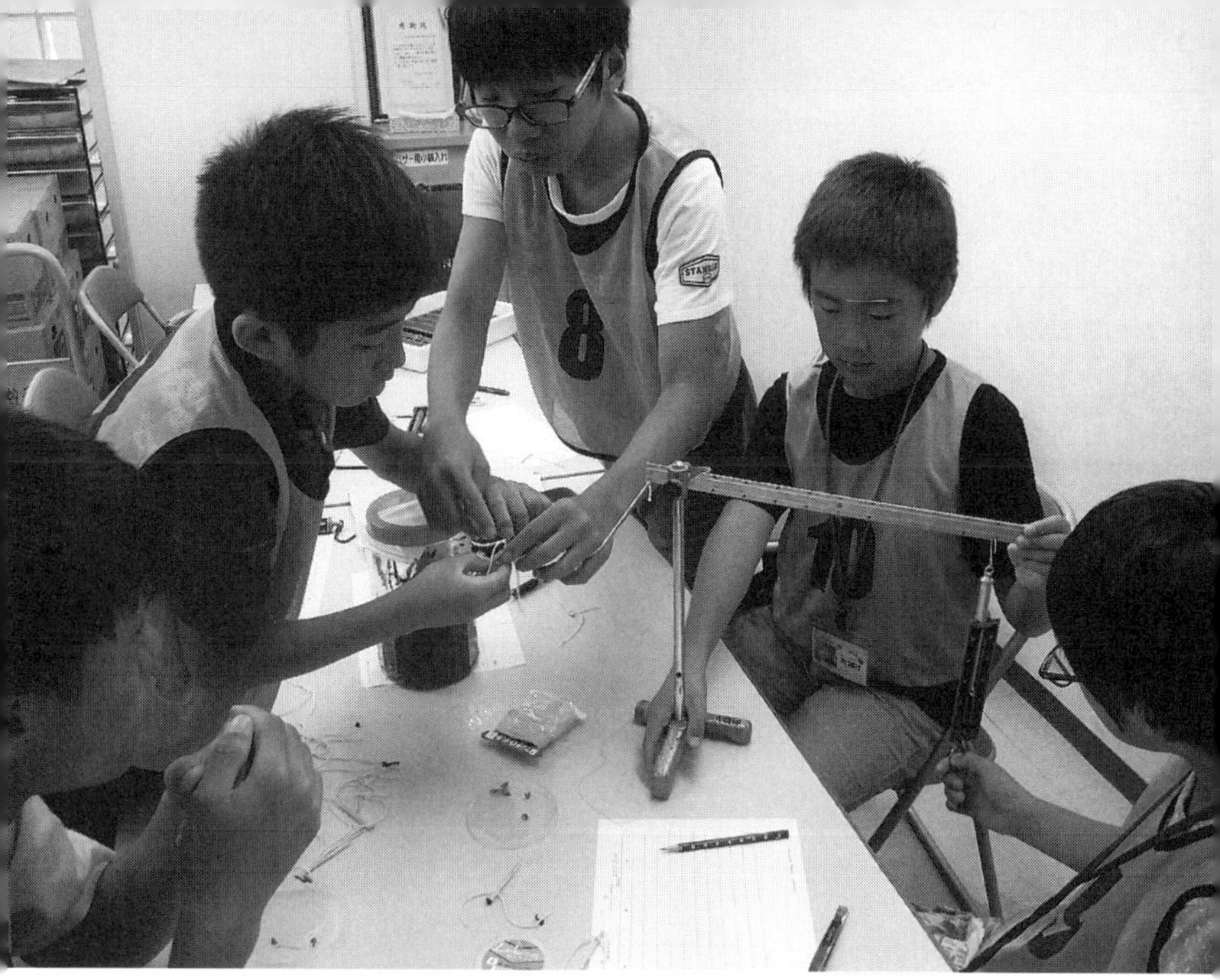

ヒルに荷重をかける実験。

ったことがありました。でも、誰もちぎることはできませんでした。二人がかりで引っ張ってみましたが、それでもビクともしません。それどころか、トレーに戻すと動くのです。ヒルはものすごく強いです。

ヒルの皮膚の強度をどうしたら数値化できるだろう、と先生に言われて、みんなで考えた結果、思いついたのが、計りで引っ張って張力を測るという案でした。ばねばかりにヒルを挟み、下におもりをつけて引っ張る作戦です。なかなかおもしろいでしょう。何グラムの重りまで耐えられるかで、ヒルの皮膚の強さを測るのです。さっそく近隣の小学校にお願いしてばねばかりを借り、実験開始です。学校にあったばねばかりのひょう量は五〇〇グラムしかなく、いくら試しても、ヒルはちぎれるどころかピンピンしています。それではと、実験用てこをお借りして、力を倍増させることにしました。最終的に二キログラムの重さまで引っ張りましたが、ヒルが切れることはありませんでした。もちろん、内臓は壊れて死んでしまいましたが、皮膚は切れないのです。ものすごい強さですよね。二キログラム以上の重さでは、ヒルをくくりつけておくひもが滑って抜けてしまい、測れませんでした。この実験の結果、ヒルの皮膚は二キログラムまでの重さには耐えられることがわかりました。皮膚でロープを作ったら、重さ二キログラムまでのものは引っ張り上げられるということです。ヒルロープで一儲けできないかなあ、と思っているところです。僕の話は、これでおしまいです。

第7章　吸血鬼ヤマビルの正体

ヒルと蚊はどう違う？

泉鏡花の小説「高野聖」にも「動物の生き血を吸うげにおそろしき生き物、山海鼠」と描写されているように、動物の血を吸って生きるヤマビルは、古くから人々に嫌われてきた。身近な吸血動物といえば蚊もよく知られているが、この蚊と比較してみると、ヒルの特徴がよくわかる。

子どもヤマビル研究会の開催時期は、蚊の攻撃を受ける時期と重なっているため、少し気をつけるだけで、実験材料はたくさん集まる。

ある日の夕食後、テレビを見ているとき、央典が声を上げた。

「先生、足に蚊がとまった」

「動くな、写真撮るから」

わたしは急いでカメラを構え、央典の足にレンズを向ける。

「ちょっと足に力を入れろ。そうすれば、蚊は逃げられないから」

そう言いながら、複数の角度からシャッターを切る。

「いい写真が撮れた。発表会の資料に使えるぞ」と、満足げに写真をみんなに見せるわたしを尻目に、央典は「たくさん、血を吸いやがって」と、憎しみを込めて一撃でその蚊をつぶしていた。

「なぜかヒルより蚊にやられるほうが、憎たらしいね」

「だって、蚊はかゆいもの」

「ヒルだってかゆいやん」

「蚊のほうが、かゆみは強いなぁ」

「蚊は、メスしか吸いに来ないのやろ」

「そうらしい。オスは交尾したら役目終わりだと。かわいそうに」

ネットを調べていた悠太郎が、「先生。蚊は産卵前しか吸血しないって、知ってた?」と聞いてきた。

「そうだよ。普段は他の昆虫と同じだよ」

「そう、花の蜜や水滴なんかを吸って生きているんだって。産卵したらすぐ死ぬというのも、嘘らしい」

さすが悠太郎、よく調べている。

「ヒルも産卵前に吸血するよ」とわたしが付け足すと、研究員たちは蚊との違いを考察し始めた。

「でもヒルは普段から吸血する。そこは蚊と違うね。小さなヒルでも、血を吸いに来るもんね」

「蚊は、血を吸って成長することはないやん。でも、ヒルは大きくなっていく」

「ということは、血は栄養になっているのかな」

「ヒルは、生まれたての小さいものでも、靴下のすき間を通って、吸血しに来たよ」

「うん。一年に一度血を吸えば生きていけるらしいから、吸った血を栄養にして大きくなるんじゃない？」

「だったら、一年に一度なんてケチ臭いことを言わずに、腹が減ったら吸えばいいのにね。早く大人になれるのに」

「ヒルに聞かないとわからないが、何と答えるだろうね」

ネットを見ていた悠太郎が、「蚊の口は、普段からストローじゃないよ。吸うときにストローを作るのだそうだ。三枚の部品を合わせて、ストローのようにするって書いてあるぞ」と口を挟んだ。

「へえっ。ずっと口がストローなんだと思っていた。だって皮膚に刺すんだから、注射器と同じだろう」

「ヒルは刺さないもんね。実際にはどのように吸血するの」

「口がYの字型になっていて、そのYの字の所に歯のようなギザギザがついている。それを皮膚に当てて思いっきり吸うと、僕たちの皮膚がひっかかれたように破れる。すると血がにじみ出てくる。ヒルジンを出して軽い麻酔作用と血が固まらないようにしている」

「麻酔をかけてるの？」

先輩研究員の解説に、新米研究員は興味津々である。

「麻酔というか、痛み止めという感じかな」

「痛くないのかな」

「一度やられてみるといいんだけど、痛みはない。まったくヒルがついたことすら気がつかない」

「いやや。やられたくないね。跡が残るの」

「数日間、かゆみが残る程度かな。ひっかかなければ、傷口も数日で治るね」

まだヒルにやられたことのない新米研究員は、経験豊富な先輩研究員に盛んに質問している。

「何度もやられると、まったく気にならなくなるよ。心配するな」

「ヒルは、体についたらすぐ吸血を始めるの？　蚊なんかは、とまったらすぐ針を刺すよね」

「そんなことはない」

「ヒルは、もっとのんびりしている。血を吸いやすい場所を探して吸うんだよ。皮下脂肪の厚い研究員がいたのだけれど、吸血の様子を見ようと腕に乗せたのだが、吸う場所を探しながらどんどん上のほうに上がっていった。一〇分ほど探し回り、最終的にわきの下の皮膚の薄いところで吸血を始めた。ヒルは、すぐには吸血を開始しないんだ」

「なんで、脇の下が吸いやすいとわかるの？」

「ヒルに聞かないとわからないが、吸いついているのは太い血管のそばだから、温度差が関係しているんじゃないかと、僕は思っている」

「と言うより、吸いやすいところを探していたら、脇まで上がってしまった。そこに、皮膚の薄いところがあった、という感じじゃないかな」

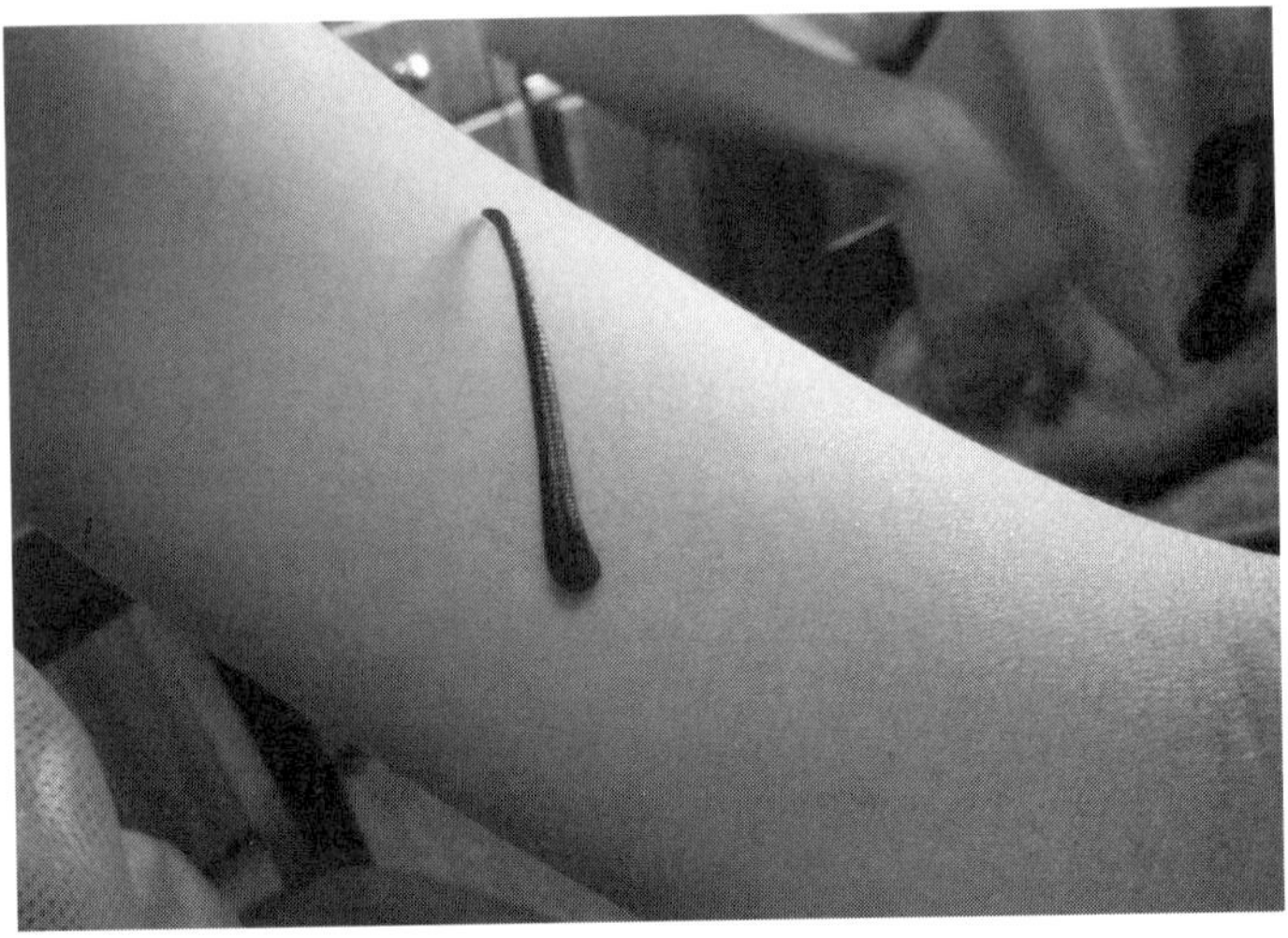

血を吸う場所を探して移動。

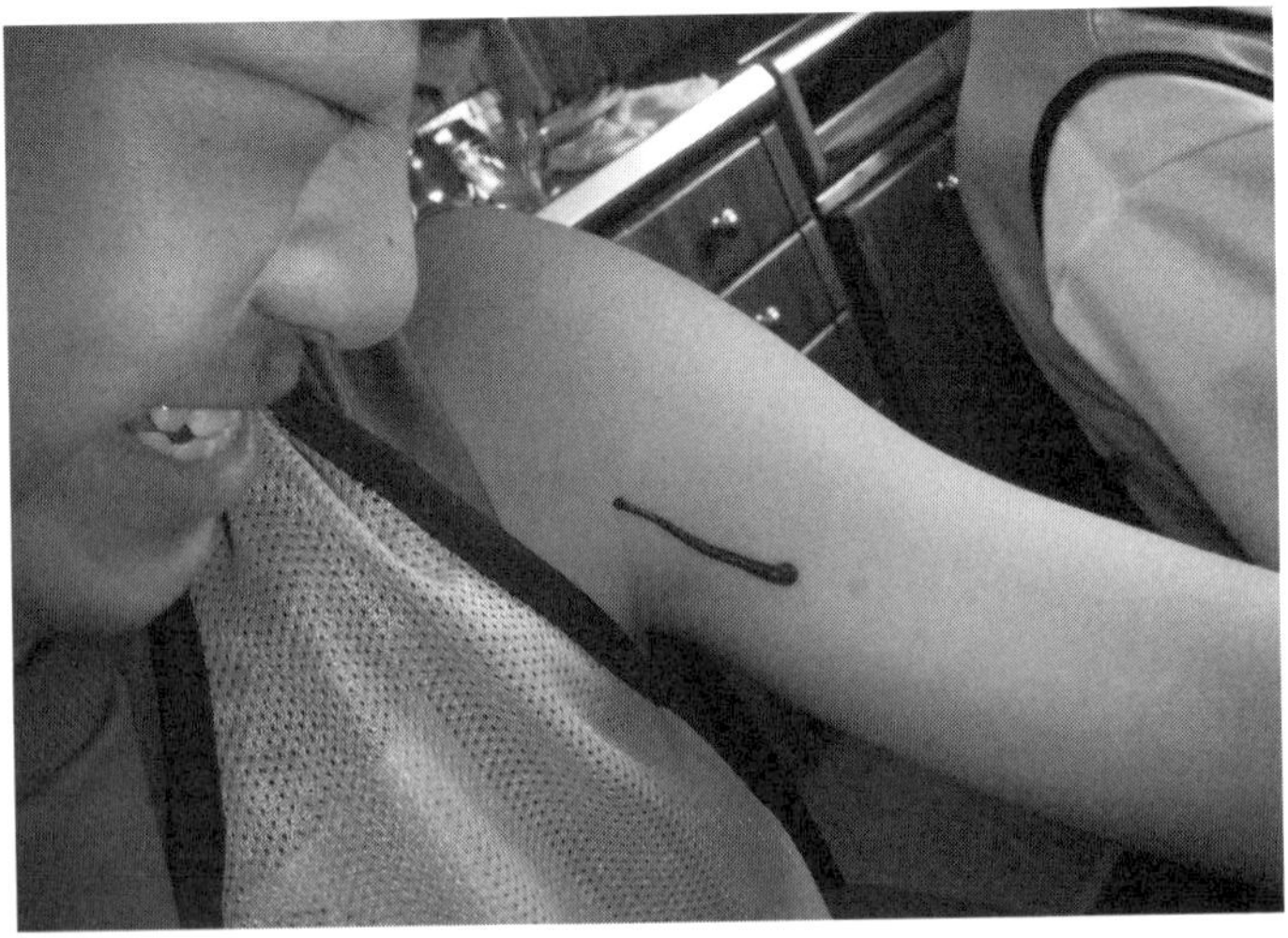

キターーーー!

「そうだよ。お尻の吸盤をしっかりつけて、頭を左右に振りながら。ちょんちょんと皮膚に触り、だめだったらよっこらしょと前に進んでいたよ」

「皮下脂肪があると、吸えないんだ」

「おもしろいねぇ」

「ねえ、ねえ。ヒルは頭に口があるの」

「実際には、頭があるわけじゃないんだ。前を頭、後ろをお尻と呼んでるだけさ。細い象の鼻のようになっているのが頭というか、口なんだ」

「そう、それがおもしろいんだ。まず、体の前半分を膨らませて、その後後ろを膨らませて血を吸っている。それを繰り返して満腹まで吸うんだ」

「おもしろそう。見てみたいね。動画に撮れないかな」

「いつでも見られるよ、腕にヒルを載せてみればいいだけだ」

「あっはっはっはっは」

産卵実験のはじまり

ヒルは血を吸うと産卵する、と言われている。これまでたくさん血を吸われてきたが、ヒルは一向に卵を産む気配がない。偶然、年に一個産まれるくらいである。そこである研究日にわたしは、「今日のヒル捕りで、もし吸血されたら、とらずにそのまま吸血させるように」と命じてみた。

「どうして?」

「わざわざ吸血させるのは、ちょっと覚悟がいるもんな」

「まあ、気づいたら吸っていたというのなら仕方ないもんね」

こうして梅雨の研究日、ヒル捕りに出かけた。吸血したヒルを入れる瓶を特別に用意し、産卵の観察用とした。一センチほどの小さなヒルも、一人前に吸って膨れていたが、手で掴むとドバっと血を吐いてしまう。

四センチ級のがつくといいのだが、そんな大物にはなかなかお目にかかれない。今日は中くらいが多い。足に三匹も取りつかれた悠太郎が、恨めしそうにつぶやく。

「今日のは、小さすぎるよ。まだ大人になってないみたい」

「僕らみたいなやつか」

「そう、お母さんにならないと、子どもは産めないよ」

「そりゃあそうだ。でも、試しだから飼育瓶に入れよう」

その後、カッパを脱いでヒル点検をしていると、央典が、「こんなところにおる」と、シャツをまくり上げて、腰の上についていたヒルをみんなに見せた。かなりの大きさの、立派なものだった。

「こんなところまで上ってやがった。こんちくしょう」

「いやいや、央ちゃん。僕たちのために協力してくれたんだ。感謝しよう」

「おうおう、かわいいやつよ」

央典はそう言いながら、帰りの車中でも吸血の様子を見守っていた。やがて満腹になったヒルは落下。急いで飼育瓶の中に入れる。飼育瓶には「央典ビル」と記入された。

これだけ大きなヒルがお腹いっぱい吸血すれば、産卵するかもしれない。そこで砂、腐葉土、落ち葉を入れて産卵室を整備した。央ちゃんが持ち帰り、世話をすることになった。あとの吸血ビルはみんな小さいので、飼育瓶は研究所の棚に置いた。

研究員たちはみな大船に乗った気持ちだった。央ちゃんから、吉報が舞い込むのを今か今かと待っていた。

しかし、ようやく央ちゃんからメールが入ったのは一〇日も経った頃だった。卵は産まれてない。

膨れていた体は普通の形に戻り、今は瓶の中を動き回っている、という。みんなはがっかりした。ヒルがどのように産卵するのか見当もつかないし、今後もしかしたら生まれるかもしれない。そこでしばらくそのまま観察を続けたが、結果的には何も生まれることはなかった。

次の研究会でも、研究員たちはヒル捕りに出かけ、吸血してくるヒルを待った。しかし前回のように大きなヒルが知らない間に吸いついてくることはなかった。ヒルはたくさん向かってくるのだが、つい手を出して摘み上げ、捕獲瓶に入れてしまうのだ。

帰りの車中、悠太郎が密かに腕にヒルをつけ、吸血させていた。

「ほら、これ見て」

「どこでついたの」

「腕に乗せてやったら、吸い始めた」

「ようやるう」

「こうでもしないと、しようがないやん」

研究所に帰っても、ヒルはまだ吸いついていた。悠太郎ビルと名づけ、産卵用の瓶に入れた。

五週間後の研究日、悠太郎が得意満面の顔で瓶を持ってきた。

「ほら、見て。産んだよ」

悠太郎の一言に、研究員たちの目は、産卵ビンにくぎづけになった。瓶の隅のほうの葉の下にキラッと光るものがある。ヒルの卵だ。そっと取り出し、解剖顕微鏡に載せて観察してみた。ゼラチン質で、真珠のように輝いている。きれいなハチの巣構造である。研究員たちは、もっとたくさん産ませたい……と目を輝かせている。しかしそのためには、悠太郎のように自らの血液を提供しなくてはならない。これには、抵抗がある。

「じゃんけんで負けた者が、提供者になろう」と、一人が沈黙を破って提案した。

「それがいい」

「でも、それは人権侵害だろう。自分からするのはいいけど……」

「そうだ。人権侵害だ」

「みんなよく考えてよ。たくさんのヒルに吸血させなきゃいけないんだ。悠太郎の体に一〇匹もつけたら、どうなると思う?」

「貧血で倒れるかも」

「それはないけど、一〇匹のヒルをつけた悠太郎をみんながじっと見つめるほうが、虐待じゃないか」

「じゃあ、どうすればいいの」

「サルを捕まえて来て、吸わせたら……」

「どうやって捕まえるの」

「猟師さんに頼んでみるとか」

こうしてわたしが、猟師さんに頼むことになった。ヒルの産卵問題は、吸血させる動物を確保するという新たな問題へと発展した。以降、長時間吸血させてくれる動物探しが始まるのである。

まずは取り出した血を与えてみる

ヒル研では以前、ヒルが解剖によって切り開かれたヒルに吸いついて吸血することを発見、これまで常識とされてきた、生きている大型動物からしかヒルは吸血しないという説の誤りを証明した。そこで子ども研究員たちは、動物から取り出した血液が使えるのではないかと考え、血液の入手方法を探り始めた。

まず目をつけたのは、肉屋さんで売られているレバーだった。

「冷凍のレバーはありますか」

「あるよ。何に使うの」

「レバーからヒルに吸血させようと考えています」

「それは無理だと思うよ。昔なら血が残っていたけれど、今は肉を処理したら、すぐにバキュームで血液を吸引してしまうので残らないんだ。一度持って帰って試してみな」

肉屋さんはそう言って、レバーを数枚くれた。

研究室に戻った研究員たちはレバーを自然解凍すると、ヒルをつけてみた。

「包丁で半分に切ったら、すぐに切り口にヒルをつけるぞ」

切り開かれたレバーにヒルをつけてみる。吸いつく気配はない。

「あかん。吸わない」

「冷たいからかな」

レバーから滲み出た肉汁に興味は示すが、すぐ離れていく。

「何度やっても、だめだ」

「やっぱり肉屋のおじさんが言ってたとおり、機械で血が抜かれているんだ」

「そうだね。ほかに何かないかな」

「シカやイノシシを撃つ猟師さんはどうだろう。誰か猟師さんを知らないかな」

数か月後、協力してくださる猟師さんが見つかった。

「山で撃ったときはすぐ血抜きをするので、生きた血を持ち帰るのは難しいな。なんとか急いで持ち帰り、すぐ冷凍しておいてあげよう」

一二月、猟師さんから電話がきた。シカとクマの血が手に入ったというので、両方もらうことにし、ヒルが出てくる春まで預かってもらう約束をした。

春、ヒルが捕れるようになった頃、猟師さんから血液を受け取り、実験開始となった。

血液を扱うにあたり、子どもたちにはこう注意した。

「直接血液に触れないように、ゴム手袋を使いなさい。万一触れたら、すぐ水洗いしてアルコールで消毒をすること」

小さな瓶に入ったクマとシカの冷凍血液は、どす黒い色になっていた。一昼夜、冷蔵庫で自然解凍させる。

翌朝見ると、血清が分離し、血液本体はゼリー状に固まっている。ヒルが吸っているのは、ヘモグロビンなどの栄養分が含まれるこのゼリー状のほうだ。シャーレにゼリー状の血糊のような血の塊を入れ、ヒルをつけてみた。

「吸いつかないよ。すぐ、逃げてくる」

「冷たいからと違う」

「かもね。ちょっと息でも吹きかけて、温めてみたら」

「陽の当たるところで、ちょっと経ってからやろう」

ということで、屋外での実験となった。二〇分後、再びやってみる。

「やっぱりつかない」

「ピンセットで頭を押さえつけ、これが血だと教えてみて」

冷凍血液をケースに分けて、今からヒルを入れる。

「ほれ、これが血や」と、言いながら、血のりの中までヒルを押し込む。ちょっとの間、吸うようなそぶりをするものもあったが、すぐ離れてしまった。

「去年は自分から吸血していたのにね。今回はまったく吸わない」

「なんでや」

「他のもので試してみよう」

「血のりを半分に切ってみたらどうかな」

「中はまだ溶けているかも知れないものね」

カッターナイフでゼリー状の血液を半分に切るが、中も固まっていて、ほとんど違いはない。ヒルもつかなかった。

「だめだ。うまく吸血しない。クマはどうだろう」

「これは、もっとドロドロしているので、無理だろうなあ」

同じようにやってみるが、ヒルはまったく吸おうとしない。

「冷凍だからだめなのかもね」

「ああ、また、産卵実験の希望が遠のいたね」

わたしが猟師さんからもらってきたシカの心臓を出してみた。

「俺が切る」

ここは解剖の名手、央典の専門領域だ。皆黙ってその場を譲る。取り出したのは、握りこぶしより大きめの肉の塊である。血抜きがされているので色は白っぽいが、よく見ると太い血管の穴がある。心臓の筋肉の分厚さに、子どもたちは驚いている。

「これくらいの厚みがなかったら、あんなスピードで長く走れないよな」

「はよ、切ってみてよ」

央典は深呼吸をすると、塊にメスを入れた。

「硬っ。めっちゃ硬いよ」

メスを中まで差し込むと、すっと入る柔らかそうなところが見つかった。

「ヒルをつけてみよう」

悠太郎がそのすき間にヒルを投げ込むと、なんと、ヒルはすき間にもぐるようにして入っていく。もう一匹入れてみた。それも、メスで切ったところに潜り込んでいく。

「えっ、どうして。血はないはずなのに」

「残っているのかな」

「これは……七不思議が増えたぞ」

みんなが驚きの声を上げているうちに、ヒルは奥深くまで入っていき、お尻しか見えなくなってしまった。

「このあと、どうするのやろ」

「切ってみたら」

「せっかくもぐっていったのだから、そのままにしておいたら」

ということで、箱の中に入れたまま、その場を離れることにした。

数時間後確認に行くと、ヒルは見えなくなっていた。

「どっかに行ったのかな」

研究員たちは、ヒルが吸血することにしか興味がないようだ。

翌朝、早く起きて見に行くと、箱の中を二匹のヒルが歩いていた。吸血はしていないらしく、太さは変わらない。子どもたちを呼んだが、みんな「あっ、おった」と、そっけない返事である。

結局、冷凍血液をヒルに吸血させることはできなかった。市販の肉やレバーは完全に血抜きがされていて、血液がなかったのである。小学生の研究員のノートには、「おいしくなかったのだろう」と書いてあった。

こうなると、生きた動物の血液がどうしてもほしくなる。何かいい方法はないだろうか。

世紀の大実験

子ども研究員たちが「世紀の大実験」と呼ぶ実験が、行われたのは七月、夏休み前のことだ。ヒルに吸血させて卵を産ませようという大プロジェクトである。

ヒルに吸わせる血液がどうにか手に入らないかと、わたしもこれまで手を尽くして調べてきたが、一般人が血液を手に入れるのは不可能だった。感染症のリスクから、動物の解体作業で出る血液はバキューム方式で吸引され、人の手を触れることなく処分されてしまうのである。途中でいただくことはできない。

と殺現場から血液を入手することはできない以上、もはやこの方法が最後の手段だ。考えた計画をヒル研の子どもたちに話すと、みんなのボルテージは一気に最高潮に。「どんなことがあっても参加する」と口々に話していた。

実験の予定日は土曜日である。通常なら休みの日なのだが、悠太郎の学校だけが学期末レクリエーションを行うとして、急遽登校日になってしまった。ヒル研の予定のほうを変更しようとしたが、協力者の都合もあって動かすことは難しかった。じっと考えていた悠太郎は、大胆な決断をした。

「先生、僕もこっちに来ます」

「学校は大丈夫かい」

「担任の先生を説得してみます」

なんとも勇ましい。それだけヒルの研究に打ち込んでいる証拠である。

次の研究日、悠太郎は元気にやってきた。

「成功、成功。説得できたよ」と、得意気だ。どうやって学校を口説いたのかを知りたがるみんなに、彼はこう言った。

「今度の土日はヒル研で世紀の大実験がある。二度とできないほどの実験で、どうしても参加しなくてはいけないので、学校を休みます、と何度も伝えたら、ＯＫが出た」

みんな、その熱意に感心している。こうして、めでたく全員参加で世紀の大実験を行うことになった。

世紀の大実験とは、生きた鶏の血をいただいてヒルに吸血させることである。ヒルは大型動物からしか吸血できないというのが、これまでの常識だった。ある程度血圧が高くないと血が出てこず、吸血ができないからである。研究員たちは、取り出した血でも多少は吸われることをすでに発見していた。そこで今日は、大型動物でなくてはならないのかを実際に検証しようというのである。

子どもたちが「師匠」と呼んで慕う男性が、箱に入れた鶏を持ってきてくれた。あいさつを済ませると、師匠の話を聞く。普段は無口な師匠だが、子どもたちのために楽しい話をいろいろと用意して

鶏から吸血させる実験用の鶏が到着した。

きてくれたのだ。見ていればいいと気楽に構えていた子どもたちも、次第に実験の渦に引き込まれていく。

「君たちから依頼を受けてからの二か月間、試行錯誤を重ねた結果、この装置を作り上げた。これまでで一番よいものができたと思って持ってきたのだが、気づいたことがあれば、改良するので教えてほしい」

師匠は、おもむろに箱から鶏を出し、特製の装置に縛りつけた。動きを封じられた鶏は、苦しいのかしばらく暴れていたが、やがて覚悟したのだろう、おとなしくなった。

師匠は、首の周りの柔らかい毛をむしり取り、これだけ皮膚が見えていればばいいだろうと、僕たちに実験を始めるよう促した。最初に、悠太郎がつけることになった。ヒルをそっと指でつまみ、鶏の首に近づける。ヒルは、なかなか鶏に乗り移ろうとしない。

「ほら、おいしい血がいっぱい吸えるぞ」

そう言いながら無理やり押しつけると、何とかついた。五人の研究員が同じようにヒルをつけた。ひとり二匹をつけたので、鶏は一〇匹のヒルの攻撃を受けることになった。

さすがに血の吸い方をゆっくり観察できる。前のほうを一度膨らませ、次に後ろを膨らませている。それを交互に繰り返しながら、吸い続けている。これは、以前解剖で確認した、ヒルが嗉嚢と嗉嚢盲管に血を蓄えることに関係している。体の前半分に嗉嚢がたくさんあり、最初ここに血が入る。次に、その血を後ろ半分にある嗉嚢盲管に移す。この仮定は、今目の前のヒルが行っている動きと一致する。さて、吸血を開始して三〇分が経過した。どのヒルも順調に吸血している。かなり太くなってきた。

一時間が過ぎても、ヒルは吸血し続けている。

一時間半が経ったとき、三匹のヒルが丸々太って鶏の首から落ちてきた。大急ぎで飼育瓶に拾い上げる。

「はっはっは、こいつ動けないほど吸った」

「転がるよ」

二時間が経過すると、満腹になったヒルが次々落ちてきた。最後まで粘っていたのが落ちてきたのは、一時間半後だった。こうして世紀の大実験は、成功裡に終わった。

ヤマビルが吸うのは生き血だけ

吸血鬼ヤマビルは、やはり生き血を吸っている。それを実感した実験がある。

「先生、つけたヒルが、ぽろぽろ落ちてくる。まだ満腹になってないのに」

わたしが仕事をしていると、琢志が呼びにきた。首からヒルが吸血中の鶏が猫にやられないよう見守っていた琢志が、気づいたのだ。みんなが集まってきた。

鶏を見るなり、わたしは叫んだ。

「あっ、これはもうだめだ。体温が下がっている。かわいそうだけど、この鶏は御臨終だ」

「この羽の中に入れたのは、どうなったのかな。あっ、こいつはまだ吸ってる」

「でも、もう離れるよ。ほら」

「やっぱり生きてないと吸わないのかな」

わたしは、「これ以上は無理なので、今日は中止」と宣言した。

後片づけをしていると、今年入った陸空が、「どうして、ぽろぽろ落ちてくるの」と聞いた。

「血が出てこなくなるからだ」

「今まで吸っていたのだから、そこから吸い出せないの」

「無理だね。ヒルは、皮膚に傷をつけてにじみ出てくる血を吸っている。心臓が止まれば出血しなくなるので、吸えないいんだよ。血は、心臓が止まったり体の中から出たりすると、すぐ固まる性質がある。怪我したとき、血が止まらないと困るので、自然に止まるようになっているんだ。血小板の役目については、学校で習ったでしょう」

「それをヒルジンが防いでいるのか」

「それなら、ヒルジンで溶かして吸えないの？」

「ヒルジンには、血液を溶かす働きはない。血液を固まらないようにする働きしかないのさ」

「なるほど。それなら生き血を吸う吸血鬼と言われても、仕方がないな」


ここでちょっと休憩して、山登りを楽しむみなさんに、朗報をお届けしたい。ヤマビルの吸血から脚を守る、ある方法について、研究員の允義君に語ってもらおう。

ストッキングを履いてヒルをつけてみたら、吸えないので動き回っていた。

ヒルヤスミ ストッキングの有効性を検証する――允義

僕は、みんなからヒル捕り名人と呼ばれています。ヒルを見つけるのがとても早く、捕獲したヒルを瓶の中に入れるのも、誰より上手です。

そんな僕でも、ヒルに吸血されるのは、好きではありません。自分の血が減っていくようで、損した気分になるからです。そこで、どうすればヒルにやられないで済むかを研究テーマにしています。

毎年名古屋で開かれる「夏山フェスタ」は、約五〇〇〇人もの山登り愛好家が集まるイベントです。夏山フェスタのブースでヤマビルの研究成果を話していると、ストッキングはヒルよけになるのか、という質問をよく受けます。簡単に調べられるので、僕が実験を引き受けることになりました。

夏山フェスタでは「ストッキングを履いていても吸血されたことがある」とか「ストッキングは薄いので、その上から吸血されるに違いない」という来場者が多かったのですが、実際には、ヒルはストッキングの上からでは吸血できません。

理由は簡単です。ヒルの口は吸盤のようになっており、皮膚にぴったり吸いつくことで血を吸引します。最初に強く吸って皮膚に傷をつけるのですが、繊維の上からでは最初の吸引ができないし、すき間から空気が入り、うまくいかないのです。針を刺す蚊やダニと違って、ストッキングの上からでは絶対に無理です。

では、実際にはどうなるのか、実験してみましょう。

まず僕は、ストッキングを左腕の肘の上くらいまでに装着しました。机にヒルを放し、ストッキングをつけた腕を近づけてみました。すぐには乗ってきませんでしたが、こちらから何度もアプローチすると、ヒルはやっと乗ってくれました。そのうちストッキングの中に僕の手があることがわかったのか、首を振りながら吸血場所を探し始めました。だんだん上のほうに来て、やがて肘まで到達しました。首を盛んに振りながら吸血場所を探しています。吸血体制に入ったのは、ストッキングを装着していない、僕の地肌の部分を見つけたときでした。ストッキングを装着している部分では、吸血は見られませんでした。

この実験には他の研究員も協力してくれました。悠太研究員は、左脚の太ももの上のほうまで、ストッキングを履いてくれました。足先にヒルをつけると、どんどんすねのほうに進んでいきます。途中、何度も吸血できるところを探して首を振っています。やがて、ストッキングのなくなる短パンの中まで進みました。

短パンの裾をめくると、ヒルは悠太の皮膚が剥き出しになっている部分で吸血体制に入っていました。

この実験からわかるように、ストッキングを履いている部分が吸血されることはありません。最近のストッキングは網目が細かく、ヒルの口がそこをすり抜けることはできません。ですから、ストッキングを履けばヒルにやられないのです。

しかし、ストッキングが肌に直接ついてないところは、吸血されてしまいます。ストッキングを履いていてもやられたという人は、ストッキングの足首の目が粗い部分から潜り込んだか、どこかに穴が開いていたからでしょう。ゴムの部分から吸血された可能性もあります。

ストッキングを履くことは、山登りのヒル対策として有効です。ただ、忌避剤ではありませんので、ヒルを寄せつけないようにする効果はありません。

これで僕の話は終わりです。どうぞ登山の参考にしてください。

はたして卵は生まれたか

子どもヒル研究所では、師匠のおかげで何とか生きた動物の血液を手に入れることができた。しかしだからと言って、好きなときに好きなだけヒルに吸血させられるわけではない。貴重な機会を最大限活かすには、研究員の努力が不可欠である。

正直に打ち明けると、世紀の大実験を経た一〇匹のヒルは、いずれも産卵には至らなかった。二〇日間ほど生きていたのだが、ある日突然死んでしまったのである。飼育瓶の中を拡大鏡で調べると、ダニが大量発生していた。ダニのせいでヒルが死んだのか、ヒルが死んでからダニがわいたのかはわからないが、死んでしまったことは確かである。

飼育瓶の中を消毒したいが、そうすると必要な雑菌まで死んでしまう。通気性を良くすればいいのではないかなど、さまざまな反省点が出された。その後も実験は続け、三年間で六回繰り返したが、結局全部失敗に終わった。その原因はそれぞれだった。

福の神がようやく到来したのは、二〇二〇年のことだ。実験の準備方法は従来と同じだが、時期を早め、六月の中頃に吸血させることにした。

「頑張ってね。今回こそは成功しますように」

祈りを込めて、一五匹のヒルを鶏の首につける。鶏はさすがに重そうである。

「ハハッ、勲章みたいや」

二時間後、たっぷり吸血したヒルを外す。

「二時間もよく耐えてくれた。感謝するよ」

そう言いながら、三匹を一セットにして飼育瓶に入れる。この年は長雨のあと猛暑という厳しい気象条件だったが、湿気と換気に注意しながら毎日世話を続け、何とか死なせずに飼育することができた。

蓋を開けると、いつものシャクトリムシ運動が見られない。ミミズのように、のそりのそりと落ち葉の下や腐葉土の中を移動している。しばらく経つと、体の前の部分が黄白色に変化し、やや太くなってきた。もしや卵が生まれるのではと、研究員たちは期待を膨らませている。時々マイクロスコープを入れて写真を撮る程度で、できるだけ刺激を与えないようにした。

吸血から四週間ほどで生まれたという記録を見たことがあったので、研究員たちはその頃から特に毎日注意して瓶の中を覗き込んでいた。

五週間目の半ばに、とうとう産卵が確認された。研究所に置いていた瓶の写真を撮り、子ども研究員たちの携帯電話にメールを送った。

「やったあ。産卵成功」

そんな喜びのメールが交錯した。写真だと卵は四個に見えるが、実は離れたところにもう一つあり、卵は全部で五個である。三匹のヒルを入れた瓶一つに、五個の卵があるということは、複数個を生んだヒルがいるということだ。

研究員たちは、自分の世話する瓶の中にも卵があるのではないかと、期待を込めて観察を続けた。しかし残念ながら、卵が確認されたのは研究所の瓶だけだった。一体何が違ったというのだろうか。

次の研究日、研究員たちは世話をしていたヒルの瓶を持って集まり、話し合いを始めた。

ヒルの卵(卵塊)。手前に3個見える。

「僕のは生きてるけど、卵はないなあ」

「体の前半分が黄白色になっているので、もうすぐ産みそうだ」

「土の中に産むことってあるかな」

「今まで見たのは全部土の上だった」

「お前のヒルは、前のほうが普通の色のままじゃん」

「これは産まないのとちゃう?」

「食い逃げか」

時間が来て、みんなでヒルの卵を確認することにした。卵は、落ち葉の下に隠すように産んであった。土の中に埋もれているのではなく、腐葉土と葉の間で見つかった。

産んだ親ビルは、産卵直後で体力が回復していないのか、ミミズのような動き方で、心配そうに卵に近づいてきたりする。前半分は、すでに普通の色に戻っていた。やはり、あの黄白色は卵と関係がありそうだ。

産みつけられていたのは、大きさ約一センチのハチの巣のような形をした卵塊で、一つひとつのセルの中に卵が入っている。すでに黒くなっていて、発生が始まっているようだ。産卵から三日が経っているので、当然だろう。驚いたことにこの卵、葉っぱなどに産みつけられているというより、地面に放り出されたかのように転がっている。瓶を動かすと、コロコロ転がっていく。

「転がることで、卵を拡散しようとしているのかも……」

「びっくりだね。普通なら卵から出てくるまでの間、何かにくっついていそうなものだけど……」

「それにしても、あの体から一センチもの塊が生まれてくるなんて」

ついにヤマビルの産卵に成功した。

「どこに入っていたのや」

「体内から出てきたあとに、あの形になるのでは」

「ヒルのどこから出てくるのだろうね」

「ますます謎は深まるね」

「ジョニーさんがよく、産卵中の写真を撮ったら世界初だねと言っていたけど……」

「ちょっと期待できるかな」

ようやく産卵を確認した研究員たちだったが、すでに彼らの問題意識は、卵の産まれ方のほうに移っているようだ。

ついにシッポをつかんだぞ

ヒルのライフサイクルで最も謎だったのは、生殖にかかわる部分であった。交接することまではわかっていたが、その先の産卵が確認できていなかったのである。今回、ヒルの産卵に成功し、その後の変化も捉えることができたのは大きな発見であった。さっそく悠太がヒル研を代表し、藤原岳自然科学館の研究発表会で発表した。優秀賞をもらったその発表とは、こんな内容である。

ヒルに鶏の血を吸わせて五週間が経過した頃、待望の産卵が確認された。三匹のヒルから生まれたのは、なんと三〜五個の卵。つまり、複数個の卵を産んだヒルがいたということである。ヒル研では、それらの卵をシャーレに移し、観察を続けた。

産卵から二〇日目にあたる研究日のこと、琢志と悠太が、卵塊から幼生が這い出しているのを発見し、動画に収めた。産卵から二〇日という日数は、鳥類など、他の生き物の孵化にも共通している。

幼生は、孵化からすぐ外の世界に出ていこうとはせず、しばらくの間、這い出たばかりの卵から出たり入ったりしていた。時間をかけて周囲の環境になじんでから、旅立つのだろうか。孵化直後の小さな体でありながら、早くも一人前に呼気や熱に反応し、吸血しようとしたのには驚いたが。

これでヒルのライフサイクルの全体像が解明できた。細い糸ではあるが、命は確かにつながっている。これは世紀の大発見と呼んでいいほどの大きな成果だ。自信を持ってそう呼ぼうと思う。

しかし、ヒルの命のつながりを十分説明するには、もう一つ大きな疑問が残っている。それは、孵化したばかりの、わずか六ミリメートルほどの幼生がどのように食餌を手に入れるのか、である。動物に出会うのはそう簡単ではない。成長した大きなヒルでも食餌にありつけないケースはいくらでもあるのだ。

となると、ヒルは血液以外からも何かを摂取しているはずだと考えるのが普通だと思う。ヒルの食餌については別途研究をしてきたので、関連づけたいと思うが、なかなか難しい。今回の幼生もあまりにも小さいため、たびたび行方不明になり、しばらくして見つかったと思うと、また見失う、の繰り返しだった。三か月後、とうとうすっかり姿を見つけられなくなってしまった。土の中に潜ったのか、葉の裏に隠れているのか、はたまた死んでしまったのか。それすらわからない。

吸血鬼ヤマビルの正体は、つくづく掴みにくい。一つ謎が解明されたと思うと、また新しい問題が出てくる。何と奥深い生き物なのだろう。ようやくシッポをつかむことには成功したので、今後は出てくる疑問や問題を、その都度研究課題にしていくことになる。

産卵後20日でヒルの幼生が生まれてきました。

ヒル研、有名になる

二〇一八年春、地元のケーブルテレビから連絡が入った。番組で七分間のニュースとして「子どもヤマビル研究会」を紹介したいので、研究や調査の様子を取材させてほしい、という依頼だった。

早速、子ども研究員全員に連絡し、日曜日に撮影してもらうことになった。テレビ局からは、子どもたちがヒルを捕っている場面、研究内容を現地で解説している場面などが撮りたいと言われたため、「解説は子どもたちが全部しますので、わたしにはマイクを向けないでください」と念押ししておいた。

当日の朝。悠太が洗顔後、念入りに顔に何かを塗っている。「悠太、なにしてんのや」と声をかけると、「お母さんから、塗ったほうがいいと言われたから……」と、もじもじする悠太。

「何や、それ」

「ローション」

「肌がつるつるするやつか」

「そう」

「お前、何考えてるのや！」

思わず爆笑してしまった。テレビ写りを少しでも良くしたかったらしい。よく見ると、理髪店にも行ってきたようだ。

八時半、テレビ取材班が到着した。カメラマンと担当記者の二人である。簡単な自己紹介と、今日の予定の打ち合わせをして、山へと出かけた。いつもの山に着くと、地元の人が待っていてくれた。取材が入ると連絡しておいたからだ。さっそく、子どもたちが一人のおじさんと話し始めた。


「君らか、ヒルを研究しているのは」

「はい、そうです」

「ほんで、どんなこと研究しとんのや」

「この山でのヒルの拡がりを調べています」

「そんなこと、しとんのか」

「はい、これまでヒルはシカが広めると言われていましたが、ここではシカではなく水の力でヒルの生息地が拡大していることを発見しました」

「そうなんか。でも、シカはいっぱいおるぞ」

「でも猟師さんは、シカの体にヒルがついているのを見たことがないと言われます」

「へえっ、よう研究しとる。お前ら博士やな」

「はい、そうです」

「あっはっは」

悠太の自信満々な応答に、おじさんは大爆笑。その間にも撮影は着々と行われていたようで、予定外のよい画が撮れたと、撮影班の気分も上々。気持ちよく山を上り始めた。

「悠太くんだっけ。どうしてヒルを研究しようと思ったの」と、記者が尋ねる。

「うーん。ヒル研の先生に誘われたからかな」

「やってみてどうだった?」

「とても楽しいし、やりがいがある」

「今は何の研究をしているの」

「みんなでやっているのは、この山でのヒルの拡がり方。琢志くんが中心にまとめている」

「それぞれ別々に研究しているの?」

「いつもは一緒にやっていて、発表の時期になったら、自分のテーマをまとめていく形かな」

歩きながら、ちゃんと質問に答えている。

「あっ、ヒルがいる」

ヒルを見つけた悠太はいつも通り手を伸ばし、カメラマンがカメラを構える間もなく、ヒルをゲットした。カメラマンは仕方なく、フィルムケースに入れられたヒルを撮影する。

いつものヒル捕り場に到着すると、琢志が話し始めた。

「ここは、僕らがいつもヒルを捕っている場所です」

カメラマンは慌てて三脚を立て、ガイドのように説明する琢志を撮り始めた。

「ここに動物が通る獣道が下りてきています。動物も通りますが、強い雨が降ったあとには、水も流れます。そのとき水と一緒にヒルも流れてくるから、ここにはヒルが多いのです」

「動物についてくるんじゃないの」

「多くの人はそう言いますが、僕らが調べたところ、そのようなケースはほとんどありませんでした」

琢志の説明は続く。

「あるとき、晴天が続いた時期に僕らがヒルを捕りまくったら、この場所からヒルがいなくなったことがありました。でも台風でたくさんの水が流れた日の翌日来てみたら、五〇匹ほどが捕れたんです。でもそのとき僕らが捕りつくしてしまったのか、数日後に行っても、ヒルはいませんでした。このことからわかるように、ヒルは動物より水の働きによって拡がっているのです」

「すごい。よくわかったよ」

「また、この場所より上に、ヒルスポットが存在することも発見しました。ヒルスポットとは、ヒルが増殖していると思われる場所です」

ヒル捕り場の上のほうにあたる登山道に、取材班を案内する。

「この急勾配の登山道には、ところどころ水がたまった形跡がありますし、落ち葉もたまっています。

ここに台風のあとに来てみたら、ヒルが一〇匹くらいいました。今日はいないようですが」

そう言いながら、坂を上り切ったところに出た。

「ここが、僕らの見つけたヒルスポットです。平らなので、上から水が流れてきても、いったん流れが止まるため、ヒルが集まります。ほら、ここにも、ここにも、ヒルがいる」

かわいそうなのはカメラマンだった。足に上ってきたヒルは、一〇匹以上はいたはずだ。子どもも研究員たちも、じっとしているとヒルにやられるので、細かく動き回りながら話をする。琢志は前年の一〇月、藤原岳自然科学館で研究発表をしただけあり、案内がとてもわかりやすくて上手だった。

昼食後、研究所に戻って取材の続きを受けた。カメラマンを驚かせたのは、ヒルの移し替え作業だ。捕ってきたばかりのヒルをフィルムケースから取り出し、大きな海苔の瓶に二人がかりで入れ替える、その流れるような作業の見事さは、カメラマンを奮い立たせるものがある。わずか一〇分ほどで、七〇匹ものヒルの移し替えが完了した。

少しの雑談を経て、今度は允義が、藤原岳自然科学館でも発表した、ストッキングによるヒルの吸血防止法を披露した。足や腕にストッキングを装着し、ヒルを乗せて吸血するかどうかを実演するのである。

ヒルは吸血場所を探して、允義の腕をゆっくり上っていく。ストッキングと生腕の境目の部分、脇の下まで来たとき、ヒルは即座に吸血を始めようとした。こうして、ストッキングがヒル対策に有効であることがよくわかる映像が撮れたのだった。

最後に個人インタビューを、と記者が言うと、悠太がヒル研のよいところを話したいと、手を挙げた。

「ヒル研のいいところは、その研究の仕方にあります。学校の理科の実験では、答えが決まっていて、実際にそうなるかを確かめるだけです。でも、ヒル研では誰にもわからないことを自分たちの手で発見していきます。そこがすごく楽しいです」

「先生は、実験に失敗というものはない。その条件の下で出てきたものは、みな正解である、と僕らによく言います」と、琢志が割り込んだ。

「そうそう。同じことをしても、まったく逆の結果が出ることもある」

「そういうとき先生は、なぜ違いが起きたのか調べるように、とだけ言うよね」

「そこに新しい発見があったりする」

「ヒル研は、なんでも好きなようにやらせてくれるところがいい」

「みんなで解剖していても、自分の気になることを調べていける自由がある」

子どもたちの話は尽きず、取材はあっという間だった。今回収録した内容は一週間後、エリアニュースの中で紹介されるとのこと。多くの人に見てもらいたいと、チラシや配信メールを使って宣伝した。

放映後の反響はすこぶる良好だった。夏休み中だったため、電話はもちろん、わざわざ家まで感想を言いに来てくれるクラスメイトもあったそうだ。

近くの公園で開催された花火大会に研究員たちが出かけたときには、ヒル研の話で盛り上がっている彼らに、あるおばさんが声をかけてくれたという。

「あんた。この前ヒルでテレビに出ていた子やね」

ビックリして悠太が「はい、そうです」と答えると、それからしばらくヒルの話に花が咲いたのだそうだ。

また、山登りの道中には、三人組の女性グループの一人から、「テレビに映ってたヒルの子やね」とタレント並みの歓迎を受けたり、すれ違った女性とふと目が合い、「この前テレビに出てた子と違う?」と声をかけられることもあったらしい。えらい有名になったものだ。

こんなに声をかけられるのなら、いっそのことヒル研特製シールでも作り、ファンに渡そうか。研究員たちからは、そんな声も上がった。

「ヒルを解剖するのに使ったラミネートでも渡したら」

「びっくりするかな」

「やめたほうがいいよ。ヒルの印象が悪くなる」

それにしても、地元のケーブルテレビの力は絶大だ。おかげでヒル研と子ども研究員たちの知名度は格段に上がった。ありがとう。

今回は悠太郎くんに、地域コミュニティラジオに出演したときのことを話してもらおう。

ヒルヤスミ ヒル研、コミュニティラジオの常連になる――悠太郎

僕はヒル研に入って二年目のまとめを三重生物研究会で発表させてもらったのですが、その発表が賞をいただいたので、コーディネーターの樋口先生がコミュニティラジオ局「いなべFM」に紹介してくださり、央典くんと僕とでヒル研の活動を話させてもらうことになりました。

放送当日、央典くんと僕は生まれて初めてスタジオというところに入りました。ヘッドフォンをつけ、マイクを目の前にすると、緊張感が高まります。

少し打ち合わせをした後、ぶっつけ本番の生放送です。途中、一曲分の休憩を挟んで二五分間が僕たちの持ち時間です。僕らの紹介が終わると、パーソナリティの方からの質問攻撃が始まりました。

「ねえねえ、子どももヤマビル研究会の『ヤマビル』って、ヒルでしょう。あのヒルよね。〝なんであんなものを研究しようという気になったの？〟」

「主宰の先生が、自然のしくみを理解するのにいろいろなものに目を向けるのも一つの方法だが、一つのものを奥深くまで研究するのもよいことだ、とヒルに目をつけて、参加する子どもを募集したのが始まりと聞いています」

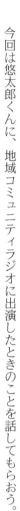

「すごい。そんなことまで聞いているんだ。でもね、何でヒルなの。生き物ならもっと他にもいるじゃない」

「先生によると、ヒルは山に行けばいくらでもいるから材料には事欠かない。無料で、いくらとっても誰も文句は言わない。むしろ、感謝される。こんな生き物は、他にはないそうです」

「なるほど、そらそうだ。ただに勝るものはなし。駆除の仕方を発明したら、みんな喜ぶものね」

「いいえ、ぼくたちは、駆除方法を見つけたいのではなく、ヤマビルの生態を研究したいのです」

「ええっ。君たち、学者じゃないの。他に誰かやっている人がいるの」

「いいえ、いません。日本中で僕たちだけです。先生がいろいろ調べたけれど、誰もやっていないようです」

「だからやる値打ちがあるんだ。すごい。ところで、央典くんはヒルのこと、どう思ってるの」

「めっちゃ、かわいいです」

「かわいい。これのどこがかわいいの」

「ヒョコヒョコ歩くところがかわいいし、ときどきピンと立って、首を振りながら僕たちの息の方向を探す動作もかわいいです」

「へええ。ところで央典くんは、どうしてヒル研に入ったの」

「友達のお母さんが、一緒に行こうと誘ってくれたからです」

「入ってどうだった？　予想通りだった？」

「最初はびっくりしたけど、すぐに慣れたし、想像していた以上に楽しいです。合宿して研究するので、ヒル研究以外のこともいろいろできて楽しいです。食事も自分たちで作るので、料理も覚えられるし」

パーソナリティの方はとても上手に僕たちの本音を聞き出し、電波に乗せてくれました。放送中にもリスナーからコメントが送られてきたりして、手応えは十分、あっという間に二五分が経ってしまったという感じでした。もっと話したいことがあるので、また出演させてほしいとお願いして、その日は帰りました。

二度目の出演は、それから二か月後。ラジオで話させてもらうのは、毎年の恒例行事になりました。

地元のコミュニティラジオ局いなべFMに出演した。

エピローグ

日々ヒル被害に悩まされている人が、この気持ちの悪い生き物をどうにかして絶滅させたいと思うのは当然だろう。しかしヒルの命をいただきながら研究をしているヒル研の研究員たちにとって、ヒルは貴重な生き物であり、その思いは一八〇度違う。

学校の理科教育で教えることの中に、生態系のバランスや生物多様性がある。自然界のすべての生き物はつながっていて、絶妙なバランスで共生している。どこか一つが崩れると全体が狂ってしまう。今、人間に一方的に被害を与えている生き物も、別のところでは重要な役割を果たしているのかもしれない。そのことを知るために、生態研究があるのである。だから嫌われ者のヤマビルも、絶滅させてはいけない。互いに距離を保って共存する道を探るべきである。これが「子どもヤマビル研究会」の基本スタンスである。

ヤマビルは、突然この世に出現したのではない。ずっと昔から、山の中や高原などで密かに生息していた。各地の地名に、そのことをうかがわせる呼び名が残っている。有名なところでは、蛭ヶ岳がそうだろう。きっと、山に薪を取りに行ったりする中でヒルの多さに気づき、その名をつけたのだと容易に推測できる。

そのようにひっそり生きてきたヒルが、最近にわかに拡がってきたのは、生態系のバランスがどこかで崩れたからである。

原因の一つは、手入れの行き届かない山林が増えたことだと言われている。かつて薪が生活に必要だった頃は、誰もが自分たちの山の手入れをしていた。下草刈りや間伐が定期的に行われ、地面はいつもきれいだった。ヒルの棲みにくい状態が保たれていたのである。その頃、ヒルは特定のエリアにのみ生息し、極端に数が増えることもなかった。高度経済成長期に入り、生活燃料がガスや電気に置き換わるにつれ、山の必要性は失われていった。それに伴って手入れがされなくなり、山は荒れていく。そうなると逆に、ヒルの生息には絶好の環境となり、勢力範囲を広める結果となった。

二つ目としては、シカの増加が原因とする説である。シカの生息域が拡大するにつれて、ヒルの分布図も拡がったと言われるが、これはヒル研の実験からも、正確ではないことがわかっている。

吸血後のヒルのDNA検査では、シカの血を吸ったものも一定の割合であるが、その他の動物の血を吸ったヒルはそれ以上に見つかっている。カエルの血を吸った変わり種もいる。体にヒルをたくさんつけたシカが走り回ることで、各地にヒルをばらまいている——そんな漫画のようなイメージが流布しているが、鹿だけが犯人のように言われるのは、ちょっと違うようだ。

ヒル研では、次のように考えている。

昔からのヒルの生息地に、何らかの理由で増えたシカが入り込んだ。そこは餌が豊富で、シカにとっても都合のよい場所であった。そこでヒルはシカの足につき、その血を吸うことになった。シカの蹄の間には、有穴腫瘤《ゆうけっしゅりゅう》という、ヒルが吸血した痕のあることが知られている。シカの一日の移動距離は長く、一〇〇キロとも言われる。また、シカは群れで行動する動物である。蹄の間に入り込んだヒルは、移動距離の長いシカの群れによって、一度に多くの数が遠くに運ばれることになった。

道中、落ちた場所がたまたま生息に適していると、そこでヒルは繁殖を開始する。子ども研究員たちが「ヒルスポット」と呼ぶこのような場所が、全国的にたくさんできた。つまり、シカはヒルの生息拠点を各地に作ったということになる。各地にできたヒルスポットから、どのように畑や人里へと拡がっていったのか。それはヒル研が突き止めたように水の流れに乗ったか、小動物や人について移動したからだろう。

宅配便に喩えると、一〇トントラックで各地の配送拠点まで持っていくのが、シカの役目。配送拠点から各家庭に配達するのが、人や小動物、水の働きと考えると、わかりやすいだろう。中でも水の流れには、大量のヒルを一度に拡散する力がある。

二〇二〇年夏、小田急電鉄の秦野駅に大量のヒルが発生したことがニュースになった。登山客が足につけてきたヒルを駅で落としたことで、ヒルスポットができたらしい。人間も、ヒル拡散の手伝いをしてしまっていることがわかる。

いったん崩れた生態系は、なかなか元には戻らない。だからシカを駆除しても、ヒル被害は減ることはない。ましてやヒルを絶滅させることなど、できるわけがないのだ。

ヒルと人が共生する唯一の道は、この人里は人間が住む場所なので、山に戻りなさい、という環境をつくってやることである。このとき使えるのが、乾燥に弱いというヒルの特性であり、薬剤で全滅させようなどという乱暴な方法は、生態系バランスを狂わせる恐れがあり、決してとってはいけない。

ヒル研の活動が、そのような形で役に立っていくかと思うと、心からうれしい気持ちになる。ヒルの研究をしてきてよかった、と思う。ヒルについてはまだわからないことだらけだ。これからも、子ども研究員たちとともに、研究を進めていきたい。

あとがき

この本は、一〇年間の子どもヤマビル研究会の研究成果のまとめであり、子ども研究員の頑張りがぎっしり詰まっている。書きたいことはまだまだ山ほどあるが、子どもヤマビル研究会の最大の成果である「ヒルは木から落ちてこない」の実証を中心にまとめた。

わたしたちは、年間約一〇〇〇匹のヒルの命をいただいて研究をしている。研究員は順次入れ替わっているが、その成果はずっと引き継がれ積み重なっている。

子どもたちの活動は、今まで多くの人に支えてもらって実現できた。中でも顧問のジョニーさんは、その広い人脈を生かして、多くの人とつないでくださった。こんなことができないかなあ、と相談すると、すぐさまその道の専門家を紹介してくれる。子ども研究員の活動が、どんどん発展していく。ジョニーさんなくして、今日の子どもヤマビル研究会はなかったと言っても過言ではない。

最後になったが、この本を作るにあたり、山と溪谷社の自然図書出版部の神谷さんには、随分お世話になった。最初、ヤマケイオンラインにコラムとしてシリーズで載せさせてもらい、それがもとで書籍にしないかとお誘いいただいた。そのときから一年半、よくぞ素人の私たちをご指導いただき、出版までこぎつけてくださった。厚く御礼申し上げたい。

子どもたちにとって、自分たちの研究を広く世に問うことができ、いい記念になったと思う。これからも研究は続いていく。皆様のご支援をお願いしたい。ご愛読に感謝します。

二〇二一年八月　子どもヤマビル研究会コーディネーター　樋口大良

樋口大良（ひぐち・だいりょう）
三重県の鈴鹿山麓の農家に生まれる。京都教育大学卒。以後、小学校の教師として子どもが主体を発動する授業のあり方をテーマに、「一人歩きの理科学習」を提唱して、研究実践を積む。2007年に定年で教職を離れて、2011年、子どもたちを自然の中にどっぷりと浸からせてやりたいという強い想いから、子どもヤマビル研究会を設立。子どもたちとヤマビルの生態研究をしている。
子どもヤマビル研究会　https://ameblo.jp/hiruken2bcqwd5y/
連絡先：hiruken2@outlook.jp

デザイン＝吉池康二（アトズ）
イラスト（パラパラ漫画、コラム）＝神谷郊美
編集協力＝髙松夕佳
編集＝神谷有二

ヒルは木から落ちてこない。
ぼくらのヤマビル研究記

2021年9月1日　初版第1刷発行

著　者　　樋口大良
発行人　　川崎深雪
発行所　　株式会社山と溪谷社
〒101-0051
東京都千代田区神田神保町1丁目105番地
https://www.yamakei.co.jp/

印刷・製本　株式会社暁印刷

▪乱丁・落丁のお問合せ先
山と溪谷社自動応答サービス TEL.03-6837-5018
受付時間／10:00-12:00、13:00-17:30（土日、祝日を除く）
▪内容に関するお問合せ先
山と溪谷社 TEL.03-6744-1900（代表）
▪書店・取次様からのお問合せ先
山と溪谷社受注センター
TEL.03-6744-1919　FAX.03-6744-1927

ISBN978-4- 635-06308-1